职业教育机电类专业课程改革创新规划教材

液压与气动控制

丛书主编　李乃夫

主　　编　高华燕

副 主 编　吴嘉浩　梁家生

参　　编　刘泳生　陈贵荣

电子工业出版社

Publishing House of Electronics Industry

北京 · BEIJING

内 容 简 介

本书是职业教育机电类专业课程改革创新规划教材之一。全书主要包括 6 部分内容：液压系统组成及传动原理；液压控制阀与基本回路及应用；液压系统的分析与维护保养；气动基础知识及基本元件；气动基本回路及应用；气动系统的分析与维护保养。

在本书的编写过程中，编者按照本专业课程教学大纲的教学目标要求，根据当前职业教育教学改革和教材建设的总体目标，以及对本课程教材使用现状的分析，按项目式教学法编写，更符合学生的学习规律，更注重对学生的能力培养，而不拘泥于传统的理论阐述。

本书可供高职、技工院校、技师学院机电、电气、数控、模具、汽修及相关专业的学生使用，也可作为工程技术人员的自学参考资料与培训教材。

图书在版编目（CIP）数据

液压与气动控制 / 高华燕主编. —北京：电子工业出版社，2015.11
职业教育机电类专业课程改革创新规划教材

ISBN 978-7-121-27383-4

Ⅰ. ①液… Ⅱ. ①高… Ⅲ. ①机电设备—液压传动—控制系统—中等专业学校—教材②机电设备—气压传动—控制系统—中等专业学校—教材 Ⅳ. ①TH137②TH138

中国版本图书馆 CIP 数据核字（2015）第 241287 号

策划编辑：张　凌
责任编辑：张　凌
印　　刷：北京七彩京通数码快印有限公司
装　　订：北京七彩京通数码快印有限公司
出版发行：电子工业出版社
　　　　　北京市海淀区万寿路 173 信箱　邮编　100036
开　　本：787×1 092　1/16　印张：14.25　字数：365 千字
版　　次：2015 年 11 月第 1 版
印　　次：2024 年 11 月第 16 次印刷
定　　价：29.50 元

凡所购买电子工业出版社图书有缺损问题，请向购买书店调换。若书店售缺，请与本社发行部联系，联系及邮购电话：（010）88254888，88258888。

质量投诉请发邮件至 zlts@phei.com.cn，盗版侵权举报请发邮件至 dbqq@phei.com.cn。

本书咨询联系方式：（010）88254583，zling@phei.com.cn。

前　　言

随着工业经济的发展和科学技术的进步，生产领域的自动化技术含量在不断提高，液压与气动技术得到越来越广泛的应用。为了满足新时期的相关工作岗位对技术应用型人才的需求，编者根据高职、技工院校、技师学院机电、电气、数控、模具、汽修及相关专业学生的特点，贯彻"简明、实用、够用"的编写理念，在总结多年教学改革实践经验的基础上编写了本书。

本书采用任务驱动、项目式教学的方式，将课程的主要教学内容分解为与典型工作任务相对应的学习任务，并采用工作页的形式将若干个学习任务呈现给学习者。

（1）有利于实现理论教学与实训教学一体化、学习过程与工作过程一体化，体现工作过程的完整性。

（2）突出实用性。一体化教学模式使师生之间、学生之间实现良好互动，让学生在学中做、在做中学，边做边想，边想边做，有利于提高学生的学习兴趣，促进学生积极主动地学习。因而更加符合在这个年龄段的职业学校学生的认知规律和学习特点。

（3）有利于培养学生的综合职业能力，即专业能力和方法能力、社会能力（关键能力）。

（4）有利于实现教学相长，促进教师专业知识与应用能力、操作技能的提高。

（5）有利于推动实训场地的建设与实训设备器材的配备，从过去较注重验证性实验向理论与实训教学一体化操作的教学模式过渡。

全书以液压传动为主，气压传动为辅。前面六个项目介绍液压传动基本知识和运用，后面四个项目介绍气压传动基本知识和运用。主要内容及建议学时分配见下表，在教学过程中，可根据实际情况进行调整。

教学项目	方案1	方案2
项目1　液压传动基础知识	4	4
项目2　液压动力元件及执行元件	10	8
项目3　方向控制阀与方向控制回路	8	8
项目4　压力控制阀与压力控制回路	8	8
项目5　流量控制阀与速度控制回路	8	8
项目6　液压系统分析与维护保养	10	10
项目7　气动基础知识及执行元件	4	2
项目8　单缸控制回路组建与调试	8	8
项目9　双缸控制回路组建与调试	8	8
项目10　气动系统分析与维护保养	6	6
机动	6	10
总计	80	80

本书可供高职、技工院校、技师学院机电、电气、数控、模具、汽修及相关专业的学生使用，也可作为工程技术人员的自学参考资料与培训教材。

本书液压部分由广州市轻工高级技工学校高华燕主编，刘泳生、陈贵荣参编；气动部分由广州市机电高级技工学校吴嘉浩、广西理工职业技术学校梁家生负责编写。全书由高华燕任主编并负责统稿。本教材在编写过程中，作者参考了很多相关资料和书籍，并得到了有关院校的大力支持与帮助，在此一并表示感谢！

由于编者水平有限，书中难免有错误和疏漏之处，欢迎广大读者批评指正。

编　者

目　　录

项目 **1** 液压传动基础知识

项目描述

一部完整的机器由原动机、传动部分及控制部分和工作机构组成。传动部分是非常重要的中间环节，它的作用是把原动机的输出功率传送给工作机构。传动有多种类型，如机械传动、电力传动、液体传动、气压传动以及它们的组合——复合传动等。

液体传动是用液体作为工作介质进行能量传递的传动方式。按照其工作原理的不同，液体传动又可分为液压传动和液力传动两种形式。液压传动主要是利用液体的压力能来传递能量；而液力传动则主要是利用液体的动能来传递能量。

液压传动与气动技术是机械设备中发展速度最快的技术之一，特别是近年来，随着机电一体化技术的发展，与微电子、计算机技术相结合，液压与气压传动进入了一个新的发展阶段。

任务 1　认识液压传动系统

任务目标

- 能理解液压传动的工作原理。
- 能说出液压传动系统的组成。
- 熟悉液压传动的工作特点，确立学习液压的兴趣与信心。

任务呈现

在工业生产中，对于大量形状简单、需要较好的力学性能的零件，常采用模锻机（图 1-1）进行模锻，其结构如图 1-2 所示，模锻过程如图 1-3 所示——将坯料放入模膛后，在压力作用下，上下模闭合，坯料强迫变形并填充模膛，然后上下模分开，取出工件。在此过程中，需要对模具的上模施加稳定的压力，并且有稳定的运动速度。那么，在大型模锻机中采用什么样的传动方式来完成这一工作过程呢？这种方式有什么优点？

图 1-1　液压模锻机

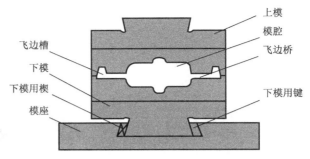

图 1-2　模锻结构图

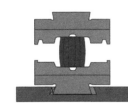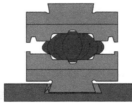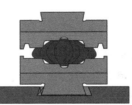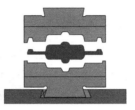

图 1-3　模锻过程图

开合模机构在工作时有两个最主要的要求：一是要求整个工作非常平稳，以防止在合模过程中模具的上下模之间发生大的冲击造成模具的损坏，二是要求合模力足够大且能很方便地根据需要进行调节。通常可以采用液压传动方式来达到上述要求。

想一想

1. 什么是液压传动？它与其他传动方式相比，有什么特点？
2. 液压传动技术中元件众多，该如何表示？

知识准备

一、液压传动的概念

液压传动的应用十分广泛，如液压千斤顶（图 1-4）是利用液压传动系统来完成重物的举升和降下的。

如图 1-5（a）中所示，关闭放油阀 8→上提杠杆手柄 1（小活塞下端油腔容积增大，形成局部真空）→在大气压作用下，吸油单向阀 4 开启，通过吸油管 6 从油箱 5 中吸油。此时重物不动；图（b）中放油阀 8 保持关闭状态→下压杠杆手柄 1（小活塞下端油腔容积减小，压力升高）→吸油单向阀 4 关闭，排油单向阀 3 开启→泵下腔的油液经油管 9、10 输入液压缸 11 的下腔，迫使大活塞向上移动，顶起重物。不断地往复扳动手柄，就能不断地把油液压入液压缸下腔，使重物逐渐地升起；图（c）中打开放油阀 8→液压缸下腔的油液通过油管 10、放油阀 8 和回油管 7 流回油箱 5→重物落下。

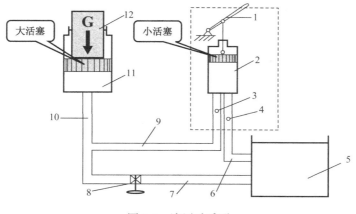

图 1-4　液压千斤顶

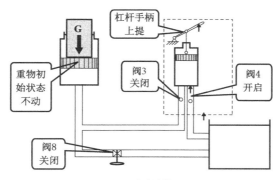

（a）吸油过程

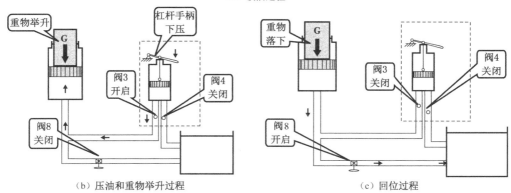

（b）压油和重物举升过程　　　　　　　　　　　（c）回位过程

图 1-5　液压千斤顶工作原理图

小结

1. 液压传动是利用有压力（密封）的油液作为液压传动的基本工作介质，来传递运动和动力的。

2. 液压传动是一个不同能量转换的过程。

二、模锻机开合模机构液压传动系统工作过程

模锻机待机状态时：如图 1-6 所示，液压泵 3 由电动机带动从油箱 1 中吸油，然后将具有压力能的油液输送到管路，油液通过节流阀 4 和管路流至换向阀 6。当阀芯处于图示

位置（中间位置）时，阀口 P、A、B、T 互不相通，此时液压缸里没有压力油输入，活塞 9 不产生运动。

合模工作状态：电磁线圈 7 通电时，阀芯向左移动（左位工作），这时阀口 P 和 A 相通、阀口 B 和 T 相通，压力油经 P 口流入换向阀 6，经 A 口流入液压缸 8 的左腔，活塞 9 在液压缸左腔压力油的推动下向右移动并带动合模机构的机械装置完成合模动作，而液压缸右腔的油则经 B 口和 T 口回到油箱 1。

开模工作状态：电磁线圈 10 通电，阀芯向右移动（右位工作），这时阀口 P 和 B 相通，阀口 A 和 T 相通，压力油通过换向阀 6 的 B 口流入液压缸的右腔，活塞 9 在液压缸右腔压力油的推动下向左移动，并带动合模机构的机械装置完成开模动作，而液压缸左腔的液压油则通过阀口 A 和 T 流回油箱 1。

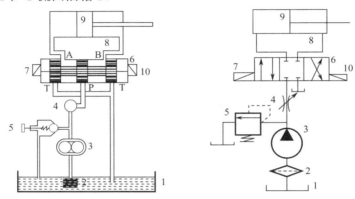

图 1-6　模锻机开合模机构液压传动系统

？思考

根据液压千斤顶及模锻机开合模机构液压传动系统分析，思考以下几个问题：

1. 液压系统由哪几部分组成？

2. 观察液压千斤顶工作图及模锻机开合模机构工作图，它们都是半剖式结构图，绘制复杂，那么有无更方便、更简洁明了的表示方法呢？

三、液压传动系统的组成

通过上述分析，对液压元件按作用进行归类，如图 1-7 所示，一个完整的液压传动系统由动力元件、控制元件、执行元件、辅助元件和传动介质组成，其各部分的名称及作用见表 1-1。

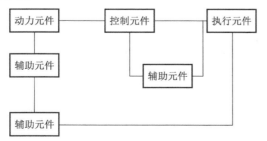

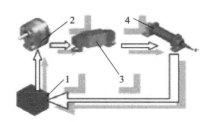

图 1-7　液压系统组成

表 1-1　液压传动系统的组成部分、作用及常用元件

名　称	作　用	常用元件	系统位置
动力元件	将原动机输出的机械能转换为油液的压力能（液压能）	液压泵	始端
控制元件	控制和调节油液的压力、流量和流动方向	压力控制阀、流量控制阀、方向控制阀	中间
执行元件	将液压泵输入的油液压力能转换为带动工作机构的机械能	液压缸、液压马达	末端
辅助元件	将前面三部分连接在一起，组成一个系统，起储油、过滤、测量和密封等作用	管路接头、油箱、过滤器、蓄能器、密封件、控制仪表等	任意位置

四、液压传动的工作特点

液压传动相比传统的机械传动有许多突出的优点，其优点和缺点见表 1-2。

表 1-2　液压传动的优点和缺点

优　点	说　明	缺　点	说　明
传动平稳	油液有吸振能力，在油路中还可以设置液压缓冲装置	制造精度要求高	元件的技术要求高，加工和装配比较困难，使用维护比较严格
质量轻，体积小	在输出同样功率的条件下，体积和质量可以减少很多。因此，惯性小、动作灵敏	定比传动困难	液压传动是以液压油作为工作介质的，在相对运动表面间不可避免地有泄漏，同时油液又不是绝对不可压缩的，因此，不宜应用在传动比要求严格的场合
承载能力大	易于获得很大的力和转矩。因此，广泛用于压制机、隧道掘进机、万吨轮船操舵机和万吨水压机等	油液受温度的影响大	由于油的黏度随温度的改变而改变，故不宜应用在高温或低温的工作环境中
易实现无级调速	可实现液体流量的无级调速。调速范围很大，可达 2000∶1，容易获得极低的速度	不宜远距离输送动力	由于采用油管传输压力油，压力损失较大，故不宜远距离输送动力
易实现过载保护	液压系统中采取了很多安全保护措施，能够自动防止过载，避免发生事故	油液中混入空气易影响工作性能	容易引起爬行、振动和噪声，使系统的工作性能受到影响
能自动润滑	由于采用液压油作为工作介质，液压传动装置能够自动润滑，因此，元件的使用寿命较长	油液容易污染	油液污染后影响系统工作的可靠性
易实现复杂动作	液体的压力、流量和方向较容易实现控制，再配合电气控制装置，易实现复杂的自动工作循环	发生故障不容易检查与排除	液压系统是一个整体，发生故障后只能逐一排除

五、液压传动的应用

液压技术发展很快，其应用领域也在迅速扩大，几乎遍及国民经济的各个部门，如图 1-8 所示。随着世界科技的飞速发展，液压技术在我国的应用已经进入到一个崭新的发展阶段，正朝着研究和开发系统的控制和机、电、液、气的综合技术方向发展。

机床工业	国防工业	冶金工业	工程机械
农业机械	汽车工业	轻纺工业	船舶工业

图 1-8　液压技术的应用范围

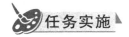 **任务实施**

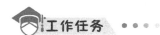 **工作任务** ••••

1. 通过学习或查阅资料，认识什么是液压传动。它与其他传动方式相比，有什么特点？

2. 液压传动技术中的元件众多，通过学习或者查阅资料了解这些元件该如何表示。

【任务解析一】液压传动

液压传动是利用有压力（密封）的油液作为液压传动的基本工作介质，来传递运动和动力的，实际上是一个不同能量转换的过程。

液压传动的优点很多，传动平稳、质量轻、体积小、承载能力大、易实现无级调速、易实现过载保护、能自动润滑、易实现复杂动作，但是其制造精度要求高、定比传动困难、油液受温度的影响大、发生故障不容易检查与排除。

【任务解析二】液压系统原理图及图形符号

描述液压系统的基本组成、工作原理、功能、工作循环及控制方式的说明性原理图称为液压系统原理图。液压系统原理图有多种表示方法，但为了便于绘制和技术交流一般采用标准图形符号绘制液压系统原理图，而不采用结构示意图形式绘制。现以平面磨床工作台液压系统为例，比较两种液压系统原理图的表达方式及其特点，见表 1-3。

表1-3　液压系统工作原理图的两种表达方式比较

分类	结构示意图式	图形符号式
图例	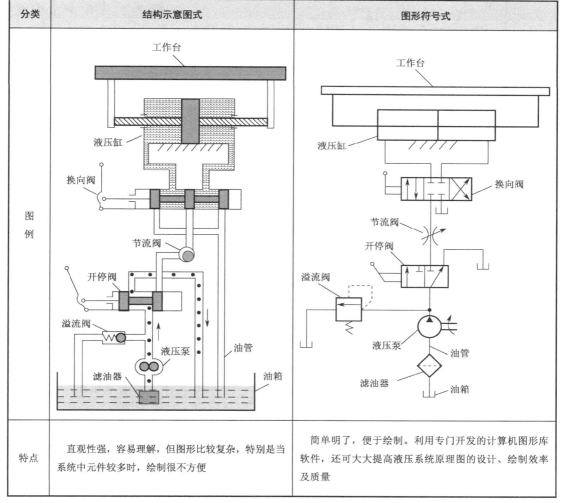	
特点	直观性强，容易理解，但图形比较复杂，特别是当系统中元件较多时，绘制很不方便	简单明了，便于绘制。利用专门开发的计算机图形库软件，还可大大提高液压系统原理图的设计、绘制效率及质量

注意:

1. 液压传动系统中的图形符号只表示液压元件的功能、操作（控制）方法及外部连接口，而不表示液压元件的具体结构、性能参数。

2. 液压传动系统图只表示各元件的连接关系，而不表示系统管道布置的具体位置或元件在机器中的实际安装位置。

3. 液压传动系统中的图形符号通常以元件的静止位置或零位来表示。除特别注明的符号或有方向性的元件符号（油箱和仪表等）外，它们在图中可根据具体情况水平或垂直绘制。

任务评价

通过以上学习，根据任务实施过程，将完成任务情况记录在表1-4中，完成任务评价。

表 1-4　液压传动系统的认识任务评价表

序　号	评价内容		要　求	自　评	互　评
1	理解液压传动的工作原理	能理解并说明液压传动的工作原理	正确，表达灵活		
2	掌握液压系统的组成	能说出液压传动系统的各组成部分，及各部分作用，典型元器件	完整，清楚		
3	熟悉液压传动工作特点	能说出液压传动系统的适用范围	熟悉		

任务 2　认识液压油

任务目标

1．了解液压油的主要性质和分类。
2．了解液压油的选用原则。
3．掌握液压油的使用要求。

任务引入

　　液压传动是以液体作为工作介质来进行能量传递的，最常见的工作介质是液压油，如图 1-9 所示为抗磨液压油。了解液压油的基本性质，能够选择合适的液压油，能正确对液压机进行换油操作，对于正确理解液压传动原理与规律，正确使用液压系统，都是非常必要的。

（a）样品　　　　　　　　（b）成品

图 1-9　抗磨液压油

看一看，想一想 ● ● ● ●

　　1．液压油有哪些参数，我们使用时，该如何选用？
　　2．液压油使用时有哪些注意事项？

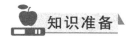 知识准备

液压系统的工作性能直接影响工程机械整机的可靠性，而液压油作为传递能量的介质，同时还具有冷却、润滑、防锈的功能，对液压系统的正常运行起着举足轻重的作用。正确使用液压油，既能最大限度地发挥液压系统的性能，又能延长液压元件的使用寿命，确保整机使用的可靠性和稳定性。据统计，液压系统 70%以上的故障都是由于没有正确使用液压油引起的。

一、液压油的主要性质

1．密度

单位体积液体的质量称为该液体的密度，用 ρ 表示。

$$\rho = \frac{m}{V} \qquad (1-1)$$

式中　　m ——液体的质量，单位为 kg；

　　　　V ——液体的体积，单位为 m^3；

　　　　ρ ——液体的密度，单位为 kg/m^3。

一般液压油的密度为 $900kg/m^3$。液压油的密度随液体压力的增大而增大，随温度升高而减少，但这种变化量通常不大，从工程使用角度可以忽略不计。

2．可压缩性

液体受压力作用而体积缩小的性质称为液体的可压缩性。液压油的可压缩性很小，一般可忽略不计。但在某些情况下，如研究液压系统的动态特性及远距离操纵的液压机构时，就需要考虑液压油可压缩性的影响。

此外，当液压油中混入空气时，其可压缩性将明显增加，且会影响液压系统的工作性能。故在液压系统中必须尽量减少油液中的空气含量。

3．黏性

液体在外力作用下流动（或有流动趋势）时，液体分子间的内聚力会阻碍分子相对运动而产生一种内摩擦力，这种特性称为液体的黏性。黏性是液体的重要物理性质，也是选择液压用油的主要依据之一。

（1）黏性的表示。

液体的黏性大小用黏度表示。常用的黏度有动力黏度、运动黏度和相对黏度。

① 动力黏度：液体在单位速度梯度下流动时，接触液层间单位面积上产生的内摩擦力。

② 运动黏度：动力黏度与液体密度的比值。运动黏度无物理意义，但它却是工程上液体压力分析和计算中经常使用的一个物理量。

ISO（国际标准化组织）规定统一采用运动黏度来表示油的黏度。我国生产的机械油和液压油采用 40℃时运动黏度值（mm^2/s）为其黏度等级标号，即油的牌号。例如，牌号 L-HL22 普通液压油，就是指这种液压油在 40℃时运动黏度平均值为 $22mm^2/s$。

③ 相对黏度：又称条件黏度，是以相对于蒸馏水的黏性的大小表示的。由于测量仪器和条件不同，各国的单位也不同。

（2）影响液体黏性的主要因素。

工作压力、温度的变化都会引起液体黏度的变化。

① 压力不高时，压力对黏度的影响很小，而高压时，液体黏度会随压力的增大而增大，但增大数值很小，可以忽略不计。

② 温度对液体黏度的影响很大，温度升高，黏度降低，液体的流动性增大。

二、液压油的分类

液压油的品种很多，主要分为矿油型（又称石油型）、乳化型和合成型三大类。

1．矿油型

矿油型包括普通液压油、抗磨液压油、低温液压油、高黏度液压油、液压导轨油、其他专用液压油等。

2．乳化型

乳化型包括水包油乳化液和油包水乳化液两类。

3．合成型

合成型包括水-乙二醇、磷酸酯液两种。

常用普通液压油的代号为 L-HL，其他液压油的具体代号及其特性和用途，可查阅相关油类产品手册。

三、液压油的选用

1．液压油的选用原则

一般来说，液压油的选用应遵循以下原则：性能优良、经济合理、质量可靠、便于管理。

2．选用依据

（1）一般工程机械制造商在设备说明书或使用手册中规定了该设备液压系统使用的液压油品种、牌号和黏度级别，用户首先应根据设备制造商的推荐选用液压油。

（2）根据液压系统的环境温度选择液压油。环境温度高，选用高黏度的液压油；反之，则选用低黏度的液压油。

（3）根据液压系统的工作压力、速度来选择液压油。系统压力高，选用高黏度的液压油；反之，则选用低黏度的液压油。

（4）根据液压系统液压元件的结构特点选择液压油。液压系统中包含多种液压元件，但液压泵转速最高、压力最大、工作温度最高、工作条件最苛刻，一般以泵的要求为依据选择液压油。

（5）根据工作有火险选择液压油。在有火险的设备上，须选用抗燃性液压油。

3．选择步骤

（1）确定种类。

普通液压油：适用于工作温度较高、运转时间较长、压力范围较宽的系统；

抗磨液压油：适用于工作压力较高的系统；

低凝液压油：适用于工作温度较低、运转时间较长、压力范围较宽的系统。

（2）确定黏度。

选定合适的品种后，还要确定采用何种黏度级别的液压油才能使液压系统在最佳状态下工作。过高的黏度还会造成低温启动时吸油困难，甚至造成低温启动时中断供油，发生设备故障。相反，当液压系统黏度过低时，会增加液压元件的内、外泄漏，使液压系统工作压力不稳、压力降低、液压工作部件不到位，严重时会导致泵磨损增加。

选用黏度级别首先要根据泵的类型选择。

每种类型的泵都有它适用的最佳黏度范围：

叶片泵为 $25\sim64\text{mm}^2/\text{s}$。柱塞泵和齿轮泵都是 $30\sim135\text{mm}^2/\text{s}$。叶片泵的最小工作黏度不应低于 $13\text{mm}^2/\text{s}$，而最大启动黏度不应大于 $800\text{mm}^2/\text{s}$；柱塞泵的最小工作黏度不应低于 $11\text{mm}^2/\text{s}$，最大启动黏度不应大于 $900\text{mm}^2/\text{s}$；齿轮泵要求黏度较大，最小工作黏度不应低于 $15\text{mm}^2/\text{s}$，最大启动黏度可达到 $1200\text{mm}^2/\text{s}$。

选用黏度级别还要考虑泵的工况，工作温度和压力高的液压系统要选用黏度较高的液压油，可以获得较好的润滑性；相反，温度和压力较低，则应选用较低的黏度，这样可降低能耗。此外，还应考虑液压油在系统最低温度下的工作黏度不应大于泵的最大黏度。

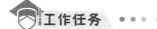

任务实施

工作任务 ● ● ● ●

1．通过学习或查阅资料，可认识到液压油有哪些参数；并且掌握该如何选用合适的液压油。

2．通过学习或者查阅资料，了解液压油使用时有哪些注意事项。

【任务解析一】液压油的参数及选用

液压油的参数有黏性、密度、可压缩性。

液压油的选择：

（1）确定种类。一般根据液压系统的使用性能和工作环境等因素来确定液压油的品种。

普通液压油：适用于工作温度较高、运转时间较长、压力范围较宽的系统；

抗磨液压油：适用于工作压力较高的系统；

低凝液压油：适用于工作温度较低、运转时间较长、压力范围较宽的系统。

（2）确定黏度。

在液压系统中选择油液黏度是关键，应注意以下几方面的影响：

① 工作压力。工作压力较高的系统宜选择黏度较大的液压油，以减少泄漏。

② 运动速度。当液压系统的工作部件运动速度较高时，宜选用黏度较小的油液，以减轻液流的摩擦损失。

③ 环境温度。环境温度较高时，宜选用黏度较大的液压油。

【任务解析二】液压油使用时的注意事项

1. 使用前过滤和净化

液压油使用前要进行沉淀和过滤，这是确保液压油清洁度的第一道防线。液压油使用前一般要经过 48h 沉淀，其过滤一般采用滤油机和加油口的滤网。滤油机的过滤精度一定要满足液压系统的使用要求。滤油机在使用前也必须进行冲洗。

2. 防止液压油的变质

工程机械工作时，液压系统由于各种压力损失会产生大量的热量，使系统油温上升。液压油温度过高对液压元件不利，同时还会使液压油加速氧化。液压油氧化后会生成有机酸，腐蚀金属元件，还会生成不溶于油的胶状沉淀物，使液压油黏度增大，抗磨性变差。一般工程机械液压油的工作温度控制在 80℃ 以下为宜，对液压油温度的控制，可以通过液压油的冷却系统及控制液压系统的油量、液压系统元件负荷及转速来实现。

液压油中混入空气和水分，也会导致液压油变质。液压油中混入水分后，将降低液压油的黏度，并促使液压油氧化变质；空气混入液压油中也会加快液压油的氧化变质，还会引起噪声、气蚀、振动等。

3. 防止液压油的污染

工程机械大都在野外露天作业，工作环境恶劣，飞扬的灰尘和沙粒很容易侵入液压系统。同时，由于液压系统本身元件的机械摩擦、变形及化学反应，也容易产生固体小颗粒。液压系统中混入颗粒污物很容易造成液压油的污染，降低液压油的性能，损害液压元件，而液压油的污染也会导致液压油的变质。据统计，液压油的污染 75% 以上是由于固体颗粒造成的，防止液压油的污染重点从下面几个方面考虑：

（1）油箱要合理密封，加装高性能的空气滤清器以防止灰尘、水分的进入；管路接头处等密封应严密，活动件必须加装防尘密封装置。

（2）油箱和管道去除毛刺、焊渣等污物后，需进行酸洗，以去除表面氧化物；对初装好的液压系统进行循环冲洗，直至达到系统的清洁度要求。

（3）检修和拆卸元件前，先清洗干净需检修的部位，拆下的元件妥善存放，并将需要检修的部位密封，防止灰尘的侵入。如果条件允许，尽可能在清洁的环境下检修和拆装。

（4）液压元件在加工制造过程中，每一工序都必须对加工中残留的污物进行净化清除；元件装配前必须进行清洁处理，不可用棉纱布一类的东西擦洗，最好用绸布清洗擦拭。

（5）对回油系统加装过滤网。过滤网既要满足液压系统的精度要求，又要将流体阻力引起的压力损失降至最小，并应具有足够的油垢容量。

4. 定期检查和更换

（1）液压油的油量要定期检查。油量偏低，易造成管路中油量不足，而且易引起油温升高过快；油量偏多，则造成浪费，且很容易外溢。一般情况下，油量以刻度线以上、整个油箱容量的 2/3 为宜。

（2）液压油的更换分为检测后换油和周期性换油。经检测后发现油液的清洁度低于规定使用限度时，必须立即换油。

工程机械可以采用清洁度在线监测，随时测定液压油在使用过程中的品质。在实际工作中，也可以根据经验和资料判断油质的劣化程度，如油液氧化后颜色变黑，而且发出刺鼻的恶臭味；油液中混入 0.02%的水分时，油即变为乳白色；油液中混入金属颗粒时，在光线照亮下呈现许多小黑点，杂质污染严重的油液不仅浑浊、沉淀，而且用手搅动时无光滑感；当油液中混入空气时会呈现乳白色，但静置 5～10h 后，由气泡引起的乳白色将消失而变得透明。

进口液压油的清洁度多按美国宇航标准（NAS）表示，一般新液压油的清洁度为 NAS 6～9 级。我国工程机械行业暂定标准为 NAS 11 级以上，当清洁度低于规定或工程机械累计工作 1200h 左右，应更换液压油。更换液压油时，尽可能将旧油放净，不同类型的液压油不可混合使用。

任务评价

通过以上学习，根据任务实施过程，将完成任务情况记录在表 1-5 中，完成任务评价。

表 1-5　液压油的认识任务评价表

序号	评价内容		要求	自评	互评
1	了解液压油的主要性质和分类	能说出液压油的主要性质和各种类型	正确，表达灵活		
2	了解液压油的选用原则，掌握液压油的使用要求	能根据工作要求选择合适的液压油，说出液压油的使用要求	完整，清楚		

项目总结

1．液压传动的工作原理：液压传动是利用有压力的油液作为工作介质，通过密封容积的变化来传递运动，通过油液内部的压力来传递动力的。

2．除传动介质油液外，一个完整的液压系统通常由动力元件、执行元件、控制元件、辅助元件四个部分组成。

3．液压传动传动平稳、质量轻、体积小、承载能力大、易实现无级调速、易实现过载保护、能自动润滑、易实现复杂动作，但是其制造精度要求高、定比传动困难、油液受温度的影响大、发生故障不容易检查与排除。

4．液压油的选用从工作压力、运动速度、环境温度三方面考虑。液压泵对液压油的性能最为敏感，通常根据液压泵的类型及其要求来选择液压油的黏度。

5．液压油使用时要注意：（1）使用前过滤和净化；（2）防止液压油的变质；（3）防止液压油的污染；（4）定期检查和更换。

课后练习

一、填空题

1．液力传动是主要利用液体_____能的传动；液压传动是主要利用液体_____能的传动。

2．除传动介质油液外，液压传动装置由_____、_____、_____和_____。

四部分组成，其中_____和_____为能量转换装置。

3．液体的黏度随温度的升高而_____，因压力的增加而_____。

4．系统工作压力较_____，环境温度较_____时宜选用黏度较高的油液。

5．分析如图1-10所示液压系统，写出下列液压元件的名称，并说明其在液压系统中属于哪类元件。

（1）1是_____属于_____；

（2）2是_____属于_____；

（3）3是_____属于_____；

（4）4是_____属于_____；

（5）5是_____属于_____；

（6）6是_____属于_____。

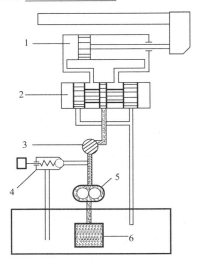

图1-10　机床工作台液压系统

二、判断题

1．选用液压油时，首先是液压油品种的选择。　　　　　　　　　　（　　）

2．液压油的污染是造成系统故障的次要原因。　　　　　　　　　　（　　）

3．与机械传动相比，液压传动的优点是可以得到严格的传动比。　　（　　）

4．液压传动中，可以选用水作为传动介质。　　　　　　　　　　　（　　）

5．液压传动易实现无级调速，可以过载保护。　　　　　　　　　　（　　）

三、选择题

1．液压传动系统是由若干具有特定（　　　）的液压元件组成的并完成某种具体任务的一个整体。

　　A．功能　　　　　　B．作用　　　　　　C．结构

2．液压传动不能保证（　　）传动。

　　A．定速　　　　　　B．定压　　　　　　C．定比

3．可以在运行过程中实现大范围的无级调速的传动方式是（　　　）。

    A．机械传动　　　　B．电传动　　　　C．气压传动　　　　D．液压传动

4．将压力能转换为驱动工作部件机械能的能量转换元件是（　　　）。

    A、动力元件　　　　B．执行元件　　　　C．控制元件

5．液体在外力作用下流动（或有流动趋势）时，液体分子间的内聚力会阻碍分子相对运动而产生一种内摩擦力，这种特性称为液体的（　　　）。

    A．压缩性　　　　B．黏性　　　　C．抗凝性

6．液压油的品种很多，主要分为（　　）型、乳化型和合成型三大类。

    A．水包油　　　　B．油包水　　　　C．矿油

7．在液压系统的所有元件中，以液压泵对液压油的（　　）最为敏感。

    A．性能　　　　B．温度　　　　C．黏度

8．当环境温度较高时，宜选用黏度等级（　　）的液压油。

    A．较低　　　　B．较高　　　　C．都行　　　　D．都不行

9．运动速度（　　）时宜采用黏度较低的液压油减少摩擦损失；工作压力（　　）时宜采用黏度较高的液压油以减少泄漏。

    A．高　低　　　　B．高　高　　　　C．低　高　　　　D．低　低

四、问答题

1．液压传动由哪几部分组成？各部分的代表元件是什么？

2．试根据液压传动的特点，说一说生活和生产中有哪些运用液压传动系统的设备。

3．液压系统中，在选择液压油时应遵循什么原则？

项目 **2** 液压动力元件及执行元件

项目描述

一个完整的液压传动系统通常包括动力元件、执行元件、控制元件和辅助元件四大基本元件。其中动力元件（液压泵）和执行元件（液压缸或液压马达）是两大能量转换装置。液压泵把机械能转换成液体的压力能，执行元件将液体压力能转换为机械能，以完成要求的动作。

任务 1 液压机动力元件的选择

任务目标

- 了解液压泵的结构，掌握其工作原理。
- 掌握液压泵的种类及选用。
- 掌握各种液压泵的图形符号。
- 掌握液压泵的主要参数（流量与速度、压力与负载之间的关系）。

任务呈现

如图 2-1 所示为利用液压传动来驱动的液压压力机，其产品锻件的成型有赖于工作需要提供动力的部件能够在工作过程中产生持续稳定的压力。

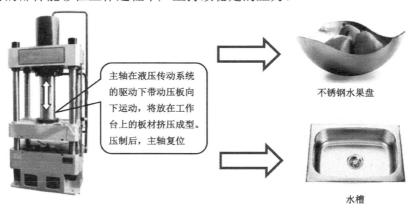

主轴在液压传动系统的驱动下带动压板向下运动，将放在工作台上的板材挤压成型。压制后，主轴复位

不锈钢水果盘

水槽

图 2-1 液压压力机

在项目 1 中，我们知道了在系统中是由动力元件向系统提供动力源的，而液压系统中的动力元件就是液压泵，本任务要求选择满足液压系统工作要求的动力元件。

想一想 ●●●●

液压系统的动力元件是液压泵。

1. 液压泵是怎样工作的？

2. 液压泵有哪些种类，我们该如何选择呢？

3. 液压泵使用的注意事项有哪些？

知识准备

一、压力机液压系统工作过程

如图 2-2 所示，液压泵输出的压力油进入液压缸进油口 1 后进入液压缸的上工作腔，这时与活塞杆相连的上模向下运动，将工件压制成型。在压力机液压系统中，液压泵负责向整个液压系统提供足量的液压油。

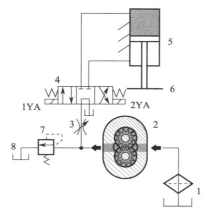

1—过滤器；2—液压泵；3—节流阀；4—换向阀；5—液压缸；6—上模；7—溢流阀；8—油箱

图 2-2　压力机液压系统工作原理图

二、液压泵的分类及图形符号

1. 分类

$$
\text{液压泵}
\begin{cases}
\text{按结构不同分}
\begin{cases}
\text{齿轮泵} \\
\text{叶片泵} \\
\text{柱塞泵}
\end{cases} \\
\text{按其输油方向能否改变分}
\begin{cases}
\text{单向泵} \\
\text{双向泵}
\end{cases} \\
\text{按其输出流量能否调节分}
\begin{cases}
\text{定量泵} \\
\text{变量泵}
\end{cases} \\
\text{按其额定压力高低分}
\begin{cases}
\text{低压泵} \\
\text{中压泵} \\
\text{高压泵}
\end{cases}
\end{cases}
$$

2．液压泵的结构

常用液压泵类型及结构见表2-1。

表 2-1　常用液压泵类型及结构

外啮合齿轮泵	双作用叶片泵	斜盘式轴向柱塞泵
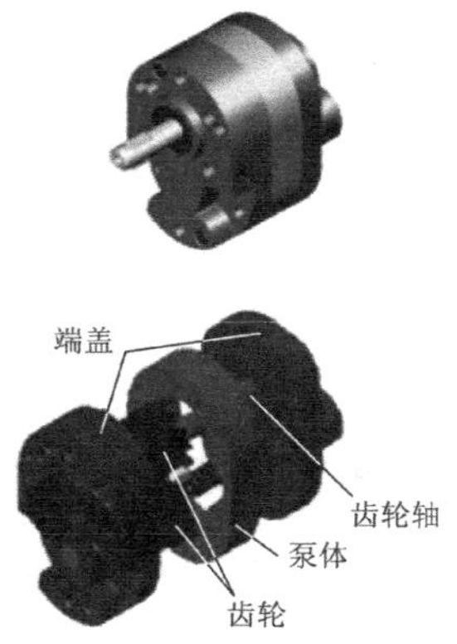 端盖 齿轮轴 泵体 齿轮	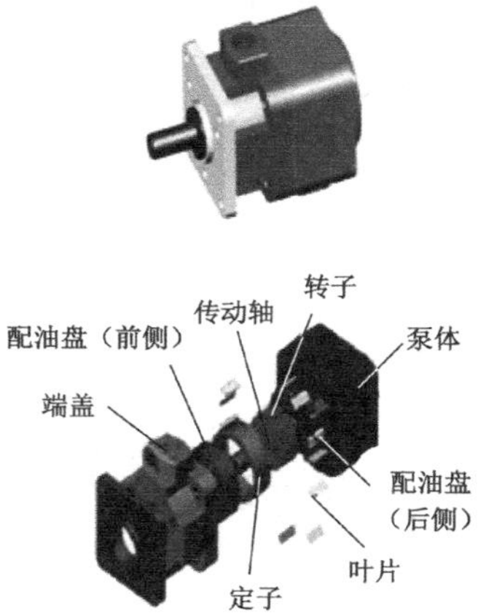 配油盘（前侧）　传动轴　转子 端盖　　泵体 配油盘（后侧） 定子　叶片	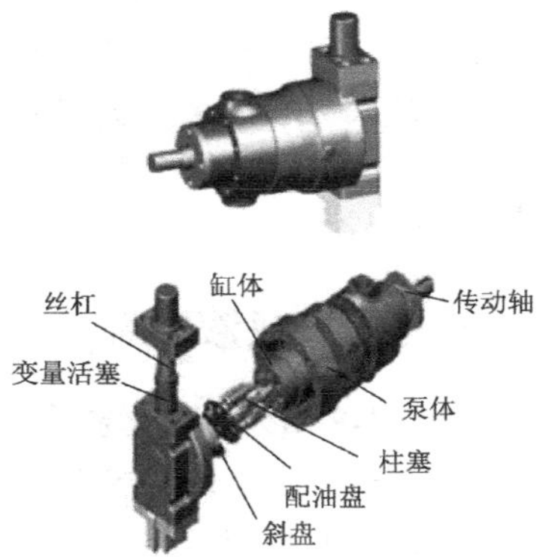 丝杠　缸体　传动轴 变量活塞　泵体 柱塞 配油盘 斜盘

3．液压泵的职能符号（见表2-2）

表 2-2　液压泵的职能符号及说明

职能符号	名　　称	说　　　明
	单向定量泵	输出的油量一定，且输出方向不可以改变
	单向变量泵	输出的油量可以调节，而输出方向不可以改变
	双向定量泵	输出的油量一定，输出方向可以相互间逆变
	双向变量泵	不仅输出的油量可以调节，而且输出方向也可以逆变

三、液压泵的工作原理

齿轮泵是机床液压系统中最常用的液压泵，它具有结构简单、制造容易、工作可靠、寿命长等优点。这里重点讲述齿轮泵的结构和工作原理，而在选用柱塞泵和叶片泵时，考虑的参数基本相同，这里不再赘述。

1．齿轮泵的结构及工作原理

齿轮泵根据其结构特点主要分为外啮合齿轮泵和内啮合齿轮泵两种。

（1）外啮合齿轮泵。

如图 2-3（a）所示为外啮合齿轮泵的工作原理。在泵的壳体内有一对外啮合渐开线直齿轮，齿轮两端面有端盖盖住，泵体、端盖和齿轮的各个齿间槽组成了许多密封的工作腔。

（a）外啮合齿轮泵 的工作原理 　　　　（b）外形

图 2-3　外啮合齿轮泵的工作原理及外形

当齿轮如图示方向旋转时，右侧的轮齿不断退出啮合，其密封工作腔容积逐渐增大，形成局部真空，油箱中的油液在大气压力的作用下进入密封油腔即吸油腔，随着齿轮的转动，吸入的油液被齿间转移到左侧的密封工作腔，而左侧的轮齿不断进入啮合，使密封油腔即压油腔容积逐渐减小，把齿间油液挤出，从压油口输出，压入液压系统。齿轮连续旋转，泵连续不断地吸油和压油。

当两齿轮的旋转方向不变，其吸、压油腔的位置也就确定不变。啮合点处的齿面接触线将高、低压两腔隔开，起着配油作用，不需要设置专门的配流装置。

外啮合齿轮泵的优点是结构简单，制造方便，外形尺寸小，重量轻，价格低廉，工作可靠，自吸能力强，对油的污染不敏感，维护容易。其缺点是一些机件要承受不平衡力，磨损严重，泄漏大，流量和压力脉动较大，噪声大，排量不可调节。

（2）内啮合齿轮泵。

内啮合齿轮泵有渐开线齿轮泵和摆线齿轮泵（又名转子泵）两种，其结构和外形如图 2-4 所示。内啮合齿轮泵的工作原理和主要特点与外啮合齿轮泵完全相同，在渐开线齿形的内啮合泵中，小齿轮为主动轮，并且小齿轮和内齿轮之间要装一块月牙形的隔板，以便把吸油腔和压油腔隔开。

（a）内啮合齿轮泵的结构 　　　　（b）内啮合齿轮泵的外形

图 2-4　内啮合齿轮泵的结构及外形

内啮合齿轮泵的主要优点是结构紧凑、尺寸小、质量轻，由于齿轮转向相同，相对滑动速度小，磨损小，使用寿命长，流量脉动远小于外啮合齿轮泵，因而压力脉动和噪声都较小，容积效率较高。其缺点是齿形复杂，加工精度要求高，需要专门的制造设备，造价较贵。

2. 齿轮泵的工作条件

? 思考

齿轮液压泵为什么能吸油？如果油箱完全密封，不与大气相通，将会出现什么情况？

实物联想：医用针筒，自行车的打气筒，饮料的吸管等。

可知，齿轮泵要实现吸油和压油必须具备的条件：

（1）应具备大小能交替变化的密封容积。

（2）应有配流装置。

（3）油箱必须和大气相通。

3. 齿轮泵的型号、含义和技术规格

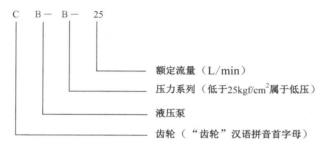

四、液压泵的主要性能参数

1. 液压泵的压力

（1）工作压力。液压泵实际工作时的输出压力称为工作压力，工作压力的大小取决于外负载的大小和排油管路上的压力损失，而与液压泵的流量无关。

（2）额定压力。液压泵在正常工作条件下，按试验标准规定连续运转的最高压力称为液压泵的额定压力，即在液压泵铭牌或产品样本上标出的压力。

（3）最高允许压力。在超过额定压力的条件下，根据试验标准规定，允许液压泵短暂运行的最高压力值，称为液压泵的最高允许压力。一般最高允许压力为额定压力的 1.1 倍。超过这个压力，液压泵将很快损坏。

? 思考

液体泵将机械能转化成压力能，所以液压系统的压力大小由液压泵决定，这种说法对不对？

2. 液压泵的排量、流量和容积效率

（1）排量。排量即容积变化而使泵每转排出油液的体积。在工程上，它可用无泄漏的情况下，泵每转所排出的油液体积来表示，记为 V。其国际标准单位为 m^3/r，常用的单位为 mL/r。排量可调节的液压泵称为变量泵，排量为常数的液压泵称为定量泵。

（2）实际流量 q_v。实际流量是泵工作时在单位时间内所排出的油液体积的平均值。流量常用单位为 m^3/min 或 L/min。它等于泵的理论流量 q_t 减去泄漏损失的流量 Δq_v（小于额定流量），即

$$q_v = q_t - \Delta q_v \tag{2-1}$$

其中理论流量大小与泵的排量 V 及主轴转速 n 有关，即

$$q_t = Vn \tag{2-2}$$

（3）容积效率。液压泵由于存在泄漏（高压区流向低压区的内泄漏、泵体内流向泵体外的外泄漏），泵的实际输出流量 q_v 总是小于其理论流量 q_t。其容积效率为

$$\eta_v = \frac{q_v}{q_t} = \frac{q_t - \Delta q_v}{q_t} = 1 - \frac{\Delta q_v}{q_t} \tag{2-3}$$

3．液压泵的功率和效率

（1）输入功率。驱动液压泵轴的机械功率叫做泵的输入功率 p_i，即

$$p_i = T\omega = 2\pi nT \tag{2-4}$$

式中　　T——泵轴上的实际输入转矩；

　　　　ω——泵轴的角速度；

　　　　n——泵轴的转速。

（2）输出功率。液压泵输出的液压功率，指液压泵在工作过程中吸、压油口间的压差 Δp 和输出流量 q_v 的乘积，即

$$p_o = \Delta p q_v \tag{2-5}$$

（3）机械效率。由于泵内有各种摩擦损失（机械摩擦、液体摩擦），泵的实际输入转矩 T 总是要大于其理论转矩 T_t。其机械效率为

$$\eta_m = \frac{T_t}{T} = \frac{pV}{2\pi T} \tag{2-6}$$

（4）泵的总效率。由于泵在能量转换时有能量损失（机械摩擦损失、泄漏流量损失），泵的输出功率 p_o 总是小于泵的输入功率 p_i。其总效率为

$$\eta = \frac{p_o}{p_i} = \frac{pq_v}{2\pi nT} = \frac{q_v}{Vn} \square \frac{pV}{2\pi T} = \eta_v \eta_m \tag{2-7}$$

即液压泵的总效率 η 等于容积效率 η_v 和机械效率 η_m 之乘积。

液压泵的输出功率总比输入功率小。

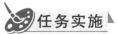

任务实施

工作任务 ● ● ● ●

液压系统的动力元件是液压泵。试根据前面的学习、查阅相关资料，回答下列问题：

1. 液压泵是怎样工作的？

2. 液压泵有哪些种类，我们该如何选择呢？

3. 说说容积泵正常工作必备的条件。

【任务解析一】

液压泵内部形成大小规律变化的密封容积，利用机械运动使液压泵内密封容积大小变化造成内外压力差，从而吸油、压油——把油从油箱吸入，然后利用压力增大，压出液压油——将机械的机械能转化成液压能。

【任务解析二】

一、液压泵的种类及分类

1．按泵体结构分

（1）齿轮泵（外啮合齿轮泵和内啮合齿轮泵）。

（2）叶片泵（单作用叶片泵和双作用叶片泵）。

（3）柱塞泵（轴向柱塞泵和径向柱塞泵）。

（4）螺杆泵。

2．按流量可否调节分

液压泵按流量可否调节可分为变量泵和定量泵。

二、液压泵的选用

选择液压泵的主要原则是满足系统的工况要求，并以此为根据，确定泵的输出量、工作压力和结构形式。

1．确定泵的额定流量

泵的流量应满足执行元件最高速度要求，所以泵的输出流量 q_o 应根据系统所需的最大流量和泄漏量来确定，即

$$q_o \geqslant K q_{max} \tag{2-8}$$

式中　q_o——泵的输出流量（L/min）；

　　　K——一般为 1.1～1.3（管路长取大值，管路短取小值）；

　　　q_{max}——执行元件实际需要的最大流量（L/min）。

求出泵的输出流量后，按产品样本选取额定流量等于或稍大于计算出的泵流量 q_o。

2．确定泵的额定压力

泵的工作压力应根据液压缸的最高工作压力来确定，即

$$P_p \geqslant K\, P_{max} + \sum \Delta p \tag{2-9}$$

式中　P_p——泵的工作压力（Pa）；

　　　P_{max}——执行元件的最高工作压力（Pa）；

　　　$\sum \Delta p$——进油路和回油路的总压力损失（Pa）。对节流调速和较简单的油路可取 0.2～
　　　　　　　0.5MPa；对于进油路设有调速阀和管路较复杂的系统可取 0.5～1.5MPa。

　　　K——系数，考虑液压泵至执行元件管路中的压力损失，取 K=1.3～1.5。

液压泵产品样本中，标明的是泵的额定压力和最高压力值。算出 P_p 后，应按额定压力来选择泵，使被选用泵的额定压力等于或略高于计算值。在使用中，只有短暂超载场合，或产品说明书中特殊说明的范围，才允许按高压选取液压泵。

3．选择液压泵的具体结构形式

当液压泵的输出流量和工作压力确定后，就可以选择泵的具体结构形式了。

（1）根据工作压力选择：一般情况下，额定压力为 2.5MPa 时，应选用齿轮泵；额定压力为 6.3MPa 时，应选用叶片泵；若工作压力更高时，就选择柱塞泵。

（2）根据机器的负载选择：如果机床的负载较大，并有快速和慢速工作行程时，可选用限压式变量叶片泵或双联叶片泵；应用于机床辅助装置，如送料和夹紧等不重要的场合，可选用价格低廉的齿轮泵。

（3）根据是否调速选择：采用节流调速时，可选用定量泵；如果是大功率场合，为容积调速或容积节流调速时，均要选用变量泵；中低压系统采用叶片变量泵；中高压系统采用柱塞变量泵。

（4）根据精度要求选择：在特殊精密的场合，如镜面磨床等，要求供油脉动很小，可采用螺杆泵。

（5）根据工作环境选择：齿轮泵的抗污能力最好，特别适用于各种环境较差的场合。

（6）根据噪声指标选择：低噪声泵有内齿轮泵、双作用叶片泵、螺杆泵，瞬时流量均匀，噪声低。

（7）根据效率选择：轴向柱塞泵的总效率最高；同一结构的泵，排量大的泵总效率高；同一排量的泵，在额定工况下，总效率最高。

不同的结构形式，液压泵的各种性能会有所不同。在确定液压泵的具体结构时，可参考表 2-3 常用液压泵的主要性能。

表 2-3　常用液压泵的主要性能

类　型 项　目	齿 轮 泵	双作用叶片泵	限压式变量 叶片泵	轴向柱塞泵	径向柱塞泵	螺 杆 泵
工作压力（MPa）	20	6.3～21	≤7	20～35	10～20	<10
容 积 效 率	0.70～0.95	0.80～0.95	0.80～0.90	0.90～0.98	0.85～0.95	0.75～0.95
总 效 率	0.60～0.85	0.75～0.85	0.70～0.85	0.85～0.95	0.75～0.92	0.70～0.85
流 量 调 节	不能	不能	能	能	能	不能
流 量 脉 动 率	大	小	中等	中等	中等	很小
自 吸 特 性	好	较差	较差	较差	差	好
对油污染敏感性	不敏感	敏感	敏感	敏感	敏感	不敏感
噪　　声	大	小	较大	大	大	很小
单位功率造价	低	中等	较高	高	高	较高
应 用 范 围	机床、工程机械、农机、航空、船舶、一般机械	机床、注塑机、液压机、超重运输机械、工程机械、飞机	机床、注塑机	工程、锻压、起重运输、矿山、冶金机械、船舶、飞机	机床、液压机、船舶机械	精密机床、精密机械、食品、化工、石油、纺织机械

4．确定液压泵的转速

当液压泵的类型和规格确定后，液压泵的转速应按产品样本中所规定的转速选用。

主要根据各种液压泵的特点和应用范围、经济性、使用环境、安放位置等方面，进行分析比较后确定液压泵的类型。各种常用液压泵的适用场合见表 2-4。

表 2-4 各种常用液压泵的适用场合

应 用 场 合	液压泵的选择
负载小，功率低的机床设备	齿轮泵或双作用式叶片泵
精度较高的机床（如磨床）	螺杆泵或双作用式叶片泵
负载大，功率大的机床（如拉床）	柱塞泵
机床辅助装置（如送料）	齿轮泵

【任务解析三】

容积泵要实现吸油和压油必须具备的条件：

（1）应具备大小能交替变化的密封容积。

（2）应有配流装置。

（3）油箱必须和大气相通。

任务评价

通过以上学习，根据任务实施过程，将完成任务情况记录在表 2-5 中，完成任务评价。

表 2-5 动力元件的选择任务评价表

序 号	评价内容		要 求	自 评	互 评
1	了解泵的工作原理	能理解并说明泵的工作原理	正确，表达灵活		
2	归纳泵的分类及选用	掌握各种泵的分类及使用范围，并能够粗略选择	完整，清楚		
3	了解泵的使用注意事项	掌握泵的使用注意事项	熟悉		

知识拓展

外啮合齿轮泵存在的问题及解决措施

外啮合齿轮泵是液压系统中应用非常广泛的一种液压泵，其优点是结构简单、体积小、自吸性好、对油污不敏感、可靠和维护方便，但是也有不少的缺点。

一、困油现象及解决措施

齿轮泵要能连续地供油，就要求齿轮啮合的重叠系数 ε 大于 1，也就是当一对轮齿尚未脱开啮合时，另一对轮齿已进入啮合。这样，在这两对轮齿同时啮合的瞬间，在两对轮齿的齿向啮合线之间形成一个封闭容积。此时，一部分油液也就被困在这一封闭容积中，如图 2-5（a）所示，齿轮连续旋转时，这一封闭容积便逐渐减小，到两啮合点处于图 2-5（b）所示节点 P 两侧的对称位置时，封闭容积为最小。齿轮再继续转动时，封闭容积又逐渐增大，直到图 2-5（c）所示位置时，容积又变为最大。在封闭容积减小时，被困油液受到挤压，压力急剧上升，使轴承上突然受到很大的载荷冲击，使泵剧烈振动，这时高压油从一切可能泄漏的缝隙中挤出，从而造成功率损失、油液发热等现象。当封闭容积增大时，由于没有油液补充，因此形成局部真空，使原来溶解于油液中的空气分离出来，形成了气泡。油液中产生气泡后，会引发噪声、气蚀等一系列恶果。以上情况就是齿轮泵的困油现象。这种困油现象极为严重地影响着泵的工作平稳性和使用寿命。

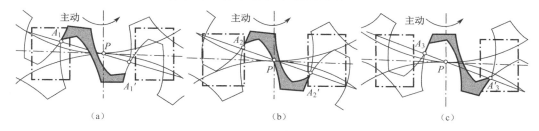

图 2-5　齿轮泵的困油现象

为了消除困油现象，常用的方法是在泵的前、后盖板或浮动轴套（浮动侧板）上开卸荷凹槽，如图 2-6 所示，卸荷槽的位置应该使困油腔由大变小时，能通过卸荷槽与压油腔相通，而当困油腔由小变大时，能通过另一卸荷槽与吸油腔相通。

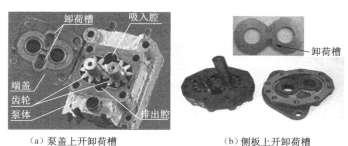

（a）泵盖上开卸荷槽　　　　　　　　（b）侧板上开卸荷槽

图 2-6　齿轮泵的困油卸荷槽

二、径向不平衡力

齿轮泵工作时，在齿轮和轴承上承受径向液压力的作用。如图 2-7 所示，泵的右侧为吸油腔，左侧为压油腔。在压油腔内有液压力作用于齿轮上，沿着齿顶的泄漏油，具有大小不等的压力，这就是齿轮和轴承受到的径向不平衡力。液压力越高，这个不平衡力就越大，其结果不仅加速轴承的磨损，降低轴承的寿命，甚至使轴变形，造成齿顶和泵体内壁的摩擦等。

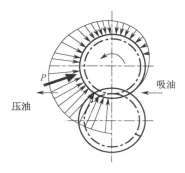

图 2-7　齿轮泵的径向不平衡力

为了解决径向力不平衡问题，常用的方法有以下两种：一是在浮动侧板（或浮动轴套）上开压力平衡槽的办法来消除径向不平衡力，如图 2-8 所示，但这将使泄漏增大，容积效率降低。而 CB-B 型齿轮泵则采用另一种方法——缩小压油腔（图 2-8），以减少液压力对齿顶部分的作用面积来减小径向不平衡力，所以泵的压油口孔径比吸油口孔径要小。

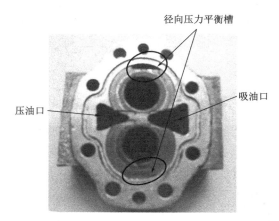

图 2-8　齿轮泵的径向压力平衡槽

三、泄漏

外啮合齿轮泵高压腔的压力油可通过三条途径泄漏到低压腔中去：一是通过齿轮啮合线处的间隙（齿侧间隙）；二是通过泵体内孔和齿顶圆间的径向间隙（齿顶间隙）；三是通过齿轮两端面和端面盖板间的端面间隙（端面间隙）。通过端面间隙的泄漏量最大，占总泄漏量的 70%～80%。一般可采用静压平衡措施来减少泄漏，即在齿轮和盖板之间增加一个补偿零件，如浮动轴套或浮动侧板，如图 2-9 所示为增加浮动轴套补偿端面间隙。

图 2-9　增加浮动轴套补偿端面间隙

任务 2 平面磨床执行元件的选择

任务目标

- 掌握液压缸的类型和特点。
- 掌握液压缸的结构和工作原理。
- 掌握各种液压缸的功能，学会根据工作情境合理选用液压缸。

任务呈现

M7130 型平面磨床（图 2-10）工作时，其工作台带动工件做匀速往复直线运动，而其运动是在与之相连接的液压系统驱动下完成的，所以液压执行元件必须输出符合要求的运动——匀速直线往复运动。

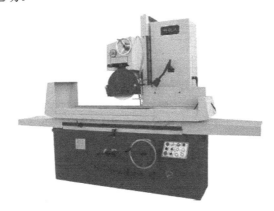

图 2-10 M7130 型平面磨床

 想一想

1. 在磨床工作台的液压系统中，需要实现工作台做匀速直线往复运动，应选择什么样的执行元件？又该如何连接到系统中呢？

2. 不同的磨床有不同的尺寸规格，不同的压力要求，其液压系统中的执行元件也会有所不同。现有磨床工作台在工作时，需要较大的推力为 24000N，工作行程为 1000mm，试确定其液压执行元件的结构尺寸。

知识准备

液压执行元件的作用是将液压系统中的压力能转换为机械能，以驱动工作部件做有用功。在液压系统中执行元件分为液压缸和液压马达两种，液压缸主要驱动负载做直线运动，而液压马达主要驱动负载做回转运动。根据任务中液压压力机工作时主轴的运动状态，可以确定其执行元件是液压缸。

要想正确选择液压缸，必须了解其工作原理和结构特点等相关知识。

一、液压缸的分类

液压缸是将液体的压力能转换成机械能的能量转换装置，是液压系统中重要的执行元件。

（1）按供油方向分类：单作用式和双作用式。

（2）按结构形式分类：活塞式、柱塞式、摆动式和伸缩式，其中活塞式应用最广。

（3）按不同的使用压力分类：中低压缸（额定压力为 2.5～6.3MPa）、中高压缸（额定压力为 10～16MPa）、高压缸（额定压力为 25～31.5MPa）。

液压缸的种类繁多，其分类方式多种多样，详见表 2-6。

表 2-6　液压缸的分类

分　类	名　　称		图 形 符 号	特　　点
单作用液压缸	单活塞杆液压缸			活塞只单向受力而运动，反向运动依靠活塞自重或其他外力
	双活塞杆液压缸			活塞两侧都装有活塞杆，只能向活塞一侧供给压力油，返回行程通常利用弹簧力、重力或外力
	柱塞缸			柱塞只单向受力而运动，反向运动依靠柱塞自重或其他外力
	伸缩式套筒缸			它以短缸获得长行程。用液压油由大到小逐节推出，靠外力由小到大逐节缩回
双作用液压缸	单活塞杆	普通缸		单边有杆，活塞双向受液压力而运动，双向受力及速度不同
		差动缸		活塞两端面积差较大，使活塞往复运动的推力和速度相差较大
	双活塞杆	等行程等速缸		双向有杆，双向液压驱动，活塞左右移动速度、行程及推力均相等
		双向缸		利用对油口进、排油次序的控制，可使两个活塞做多种配合动作的运动
	伸缩式套筒缸			双向液压驱动，由大到小逐节推出，由小到大逐节缩回
组合缸	弹簧复位缸			单向液压驱动，由弹簧力复位
	增压缸		A□□B	由 A 腔进油驱动，使 B 腔输出高压油源
	串联缸			用于缸的直径受限制，长度不受限制处，能获得较大推力
	齿条传动缸			活塞的往复运动转换成齿轮的往复回转运动

二、活塞式液压缸

液压缸种类繁多,其中活塞式应用最广。活塞式液压缸又分为双作用单出杆(图 2-11(a))和双作用双出杆液压缸(图 2-12(a))两种。双作用单出杆液压缸和双作用双出杆液压缸主要由活塞杆、活塞和缸体三部分组成,如图 2-11(b)、图 2-12(b)所示,缸体内部有两个腔,不带活塞杆的称为无杆腔,带活塞杆的称为有杆腔。

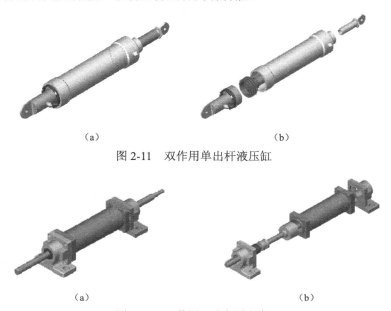

(a)　　　　　　　　　　　　　　　(b)

图 2-11　双作用单出杆液压缸

(a)　　　　　　　　　　　　　　　(b)

图 2-12　双作用双出杆液压缸

1. 活塞缸的安装形式和工作行程

(1)双作用双出杆液压缸的安装形式和工作行程。

双作用双出杆液压缸活塞两端都带有活塞杆,分为缸筒固定和活塞杆固定两种安装形式。当缸筒固定时,运动部件移动范围是活塞有效行程的 3 倍,如图 2-13(a)所示;当活塞杆固定时,运动部件移动范围是活塞有效行程的 2 倍,如图 2-13(b)所示。

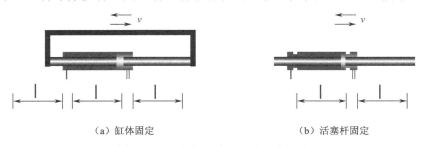

(a)缸体固定　　　　　　　　　　　(b)活塞杆固定

图 2-13　双出杆式液压缸的工作行程

(2)双作用单出杆液压缸的安装形式和工作行程。

双作用单出杆液压缸活塞只有一端带活塞杆,它也有缸筒固定和活塞杆固定两种安装方式,两种方式的运动部件移动范围均为活塞有效行程的 2 倍。

2. 活塞缸的类型及各连接形式的特点

（1）双作用单出杆液压缸的常规连接和工作特点。

当无杆腔进油（图 2-14（a））时，活塞运动速度 v_1 及推力 F_1 为

$$v_1 = \frac{q}{A_1} = \frac{4q}{\pi D^2} \tag{2-10}$$

$$F_1 = pA_1 = p\frac{\pi D^2}{4} \tag{2-11}$$

当有杆腔进油（图 2-14（b））时，活塞运动速度 v_2 及推力 F_2 为

$$v_2 = \frac{q}{A_2} = \frac{4q}{\pi(D^2 - d^2)} \tag{2-12}$$

$$F_2 = pA_2 = p\frac{\pi(D^2 - d^2)}{4} \tag{2-13}$$

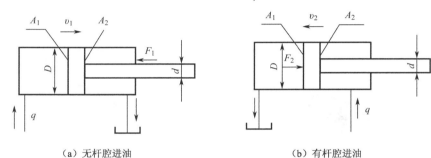

（a）无杆腔进油　　　　　　　　（b）有杆腔进油

图 2-14　双作用单出杆液压缸的常规连接

小结

　　当无杆腔进油时，有效作用面积大、推力大、速度慢；反之，当有杆腔进油时，有效作用面积小、推力小、速度快。

（2）双作用单出杆液压缸的差动连接和工作特点。

　　如图 2-15 所示，当液压缸的两腔同时通以压力油时，由于作用在活塞两端面上推力不等，产生推力差。在此推力差的作用下，使活塞向右运动，这时，从液压缸有杆腔排出的油液也进入液压缸的左端，使活塞实现快速运动。这种连接方式称为差动连接。这种两端同时通压力油，利用活塞两端面积差进行工作的单出杆液压缸也叫差动液压缸。

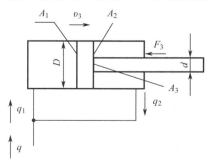

图 2-15　双作用单出杆液压缸差动连接

差动连接时液压泵的供油量为 q，无杆腔的进油量为 q_1，有杆腔的排油量为 q_2，则活塞运动速度 v_3 及推力 F_3 为：

$$q = q_1 - q_2 = A_1 v_3 - A_2 v_3 = A_3 v_3 = v_3 \frac{\pi d^2}{4} \tag{2-14}$$

$$v_3 = \frac{4q}{\pi d^2} \tag{2-15}$$

$$F_3 = p \frac{\pi (D^2 - d^2)}{4} \tag{2-16}$$

与非差动连接相比，同样大小的双作用单出杆液压缸实行差动连接时，活塞的速度 v_3 大于无差动连接时的速度 v_1，因而可以获得快速运动。而此时产生的推力将变小。

（3）双作用双出杆液压缸的工作特点。

如图 2-16 所示，双作用双出杆液压缸的活塞两端都带有活塞杆。因为双出杆液压缸的两活塞杆直径相等，所以当输入流量和油液压力不变时，其往复运动速度和推力相等。则液压缸的运动速度 v 及推力 F 为

$$v = \frac{q}{A} = \frac{4q}{\pi (D^2 - d^2)} \tag{2-17}$$

$$F = pA = p \frac{\pi (D^2 - d^2)}{4} \tag{2-18}$$

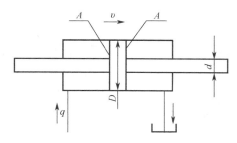

图 2-16　双作用双出杆液压缸

3．活塞缸的应用

（1）当工作往复速度要求不一致，且对返回速度要求不高，但要求液压缸产生很大的推力时，可选择双作用单出杆液压缸作为执行元件，采用常规连接形式接入液压系统。

（2）当要求液压缸往复速度一致或工作行程较长时，可考虑采用双作用双出杆液压缸。

② 思考

　　从往复速度，推力大小的角度来说，双作用单出杆液压缸、双作用双出杆液压缸在常规连接、差动连接情况下各有什么特点？

　　在两种液压缸的 D 和 d 值相同的情况下：

　　（1）双作用单出杆液压缸带动工件的往复运动速度不相等。

　　（2）双作用单出杆液压缸采用常规连接时产生的推力最大，而差动连接时产生的速度最快。

思考

（3）双作用双出杆液压缸产生的推力与双作用单出杆液压缸常规连接有杆腔进油时产生的推力一样大。双作用双出杆液压缸两个工作腔的有效作用面积一样大，可以很方便地实现往复速度一致。

（4）双作用双出杆液压缸的工作行程比双作用单出杆液压缸的工作行程要大。

三、液压缸的典型结构

液压缸的类型很多，但活塞式液压缸应用最多。现以活塞缸为例，介绍液压缸的典型结构和组成。

如图 2-17 所示的是一个较常用的双作用单活塞杆液压缸。它由缸底 8、缸筒 6、缸盖 11、导向套 4、活塞 7 和活塞杆 5 等组成。将缸筒 6 固定在床身上，活塞杆与工作台相连，当缸盖 11 上的油口 a 接通压力油，缸底 8 上的油口 b 接通回油时，工作台向右移动；反之则向左移动。活塞 7 与缸筒 6 之间用 O 型密封圈 9 进行密封，防止油液内泄漏。活塞杆 5 与导向套 4 之间用 Y 型密封圈 3 和防尘圈 2 进行密封，以防止油液的外泄漏和灰尘进入缸内。

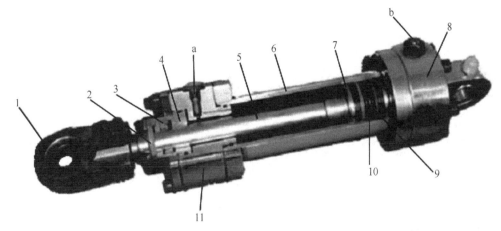

1—耳环；2—防尘圈；3—密封圈；4—导向套；5—活塞杆；6—缸筒；

7—活塞；8—缸底；9—密封圈；10—支承环；11—缸盖；a，b—油口

图 2-17　双作用单活塞杆液压缸

四、液压缸的组成

从上面所述的液压缸典型结构中可以看出，液压缸的结构基本上可以分为缸筒和缸盖、活塞和活塞杆、密封装置、缓冲装置和排气装置五个部分，现介绍如下。

1．缸筒和缸盖

缸筒是液压缸的主体，它与缸盖、活塞等零件构成密闭的容腔，承受油压，因此要有足够的强度和刚度，以抵抗油液压力和其他外力的作用。

一般来说，缸筒和缸盖的结构形式和其使用的材料有关。工作压力 $p < 10MPa$ 时，使用铸铁；当 $10MPa < p < 20MPa$ 时，使用无缝钢管；当 $p > 20MPa$ 时，使用铸钢或锻钢。表 2-7 所示为缸筒和缸盖的常用结构形式。

表 2-7　缸筒和缸盖的常用结构形式

类　别	剖　视　图	实　物　图	工艺特点及应用
法兰连接式			结构简单，容易加工，也容易装拆，但外形尺寸和质量都较大，常用于铸铁制的缸筒上
半环连接式			它的缸筒壁部因开了环形槽而削弱了强度，因此有时要加厚缸壁。它容易加工和装拆，质量较轻，常用于无缝钢管或锻钢制的缸筒上
螺纹连接式			端部结构复杂，加工要求高，装拆要使用专用工具，它的外形尺寸和质量都较小，常用于无缝钢管或铸钢制的缸筒上
拉杆连接式			结构的通用性大，容易加工和装拆，但外形尺寸较大，且较笨重
焊接连接式			结构简单，尺寸小，但缸底处内径不易加工，且可能引起变形

注：1—缸盖；2—缸筒；3—压板；4—半环；5—防松螺帽；6—拉杆

2. 活塞与活塞杆

活塞受油压的作用在缸筒内做往复运动，因此，活塞必须具备一定的强度和良好的耐磨性。活塞一般用铸铁制造。活塞的结构通常分为整体式和组合式两类。

当液压缸行程较短时，往往将活塞杆与活塞做成一体，这是最简单的形式。但当行程较长时，加工这种整体式活塞组件较费事，所以常把活塞与活塞杆分开制造，然后再连接成一体。表 2-8 所示为几种常见的活塞与活塞杆的连接形式。

表 2-8　活塞组件常见结构形式

类　别	剖　视　图	说　明
螺母连接		在活塞杆 1 上车螺纹，再用螺母 2 连接活塞 3，其结构简单，安装方便可靠，但强度变弱。适用负载较小，无力冲击的液压缸
卡环式连接		活塞杆 5 上开有一个环形槽，槽内装有两个半圆环 3 以夹紧活塞 4，半圆环 3 由轴套 2 套住，而轴套 2 的轴向位置用弹簧卡圈 1 来固定
		活塞杆上装有两个半圆环 4，它们分别由两个密封圈座 2 套住，半圆形的活塞 3 安放在密封圈座的中间
径向销式连接		活塞 2 由锥销 1 固连在活塞杆 3 上，这种连接方式特别适用于双杆式活塞

3．密封装置

　　液压缸的密封主要是指活塞、活塞杆处的动密封和缸盖等处的静密封，液压缸的密封装置用以防止油液的泄漏，常采用 O 型密封圈和 V 型密封圈。液压缸中常见的密封装置见表 2-9。

表 2-9　液压缸常见的密封装置

密封装置类型	图　示	工 作 特 点
间隙密封		依靠运动零件配合面之间的微小间隙来防止泄漏。它的结构简单、摩擦阻力小、可耐高温；但泄漏大、加工要求高、磨损后无法恢复原有能力。只有在尺寸较小、压力较低、相对运动速度较高的缸筒和活塞间使用
摩擦环密封		依靠套在活塞上的摩擦环（由尼龙或其他高分子材料制成）在 O 型密封圈弹力作用下贴紧缸壁而防止泄漏。这种材料效果较好、摩擦阻力较小且稳定、可耐高温，磨损后有自动补偿能力；但加工要求高、装拆较不便。适用于缸筒和活塞之间的密封

续表

密封装置类型	图　示	工　作　特　点
O 型圈密封		利用橡胶或塑料的弹性使各种截面的环形圈贴紧在静、动配合面之间来防止泄漏。结构简单、制造方便、磨损后有自动补偿能力、性能可靠，可以在缸筒和活塞之间、缸盖和活塞杆之间、活塞和活塞杆之间、缸筒和缸盖之间使用
V 型圈密封		与 O 型圈密封相似，但 V 型圈密封只能承受单向的工作压力液体

对于活塞杆外伸部分来说，由于它很容易把脏物带入液压缸，使油液受污染，使密封件磨损，因此常需在活塞杆密封处增添防尘圈，并将其放在向着活塞杆外伸的一端。

4. 缓冲装置

当液压缸所驱动的质量较大、工作部件运动速度较快时，为避免因动量大在行程终点产生活塞与端盖（或缸底）的撞击，影响工作精度或损坏液压缸，一般在液压缸两端设置有缓冲装置。

缓冲装置的工作原理是利用活塞或缸筒，在其走向行程终端时，封住活塞和缸盖之间的部分油液，强迫它从小孔或细缝中挤出，以产生很大的阻力使工作部件受到制动，并逐渐减慢运动速度，最终达到避免活塞和缸盖相互撞击的目的。

几种常用的缓冲装置，见表 2-10。

表 2-10　液压缸的缓冲装置

类　别	剖　视　图	说　明
圆柱形环隙式		当缓冲柱塞进入与其相配的缸盖上的内孔时，孔中的液压油只能通过间隙 δ 排出，使活塞速度降低。由于配合间隙不变，故随着活塞运动速度的降低，小孔起缓冲作用。当缓冲柱塞进入配合孔之后，油腔中的油只能经节流阀排出
圆锥形环隙式		由于节流阀是可调的，因此缓冲作用也可调节，但仍不能解决速度减低后缓冲作用减弱的缺点
三角槽式		缓冲柱塞上开有三角槽，随着柱塞逐渐进入配合孔中，其节流面积越来越小，解决了在行程最后阶段缓冲作用过弱的问题

续表

类　别	剖　视　图	说　　明
节流阀式	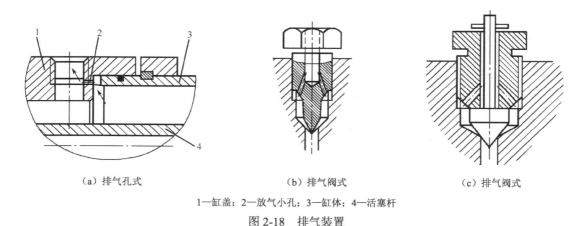	当缓冲柱塞进入配合孔之后，回油口被柱塞堵住，只能通过节流阀 1 回油，此时，调节节流阀的开度，就可以控制回油量，从而控制活塞的缓冲速度。当活塞反向运动时，压力油通过单向阀 2 很快进入液压缸内，并作用在活塞整个有效面积上，故活塞不会因推力不足而产生启动缓慢现象。这种缓冲装置可以根据负载情况调整节流阀开度而改变缓冲压力的大小，因此适用范围较广

5. 排气装置

液压缸在安装过程中或长时间停放重新工作时，液压缸中和管道系统中会渗入空气，为了防止执行元件出现爬行、噪声和发热等不正常现象，须将缸中和系统中的空气排出。对于速度稳定性要求不高的液压缸往往不设专门的排气装置，而是将其油口布置在缸筒两端的最高处，通过回油使缸内的空气排往油箱后，再从油面逸出；对于速度稳定性要求较高的液压缸或大型液压缸，常在液压缸两侧的最高处设置专门的排气装置。常用的排气装置如图 2-18 所示。

（a）排气孔式　　　　　　　（b）排气阀式　　　　　　　（c）排气阀式

1—缸盖；2—放气小孔；3—缸体；4—活塞杆

图 2-18　排气装置

五、液压缸结构尺寸的选择

液压缸结构尺寸的选择主要是指确定液压缸的缸体内径（D，活塞外径）、缸体壁厚（δ）和液压缸长度（L）。

1. 缸体内径 D 的选择

当推力和工作压力已知并确定后，就可以确定缸体（活塞）的有效工作面积：

$$A = \frac{F}{p} \tag{2-19}$$

对于无杆腔，根据式（2-11）可推出：

$$D = \sqrt{\frac{4F}{\pi p}} = 1.13\sqrt{\frac{F}{p}} \tag{2-20}$$

对于有杆腔，根据式（2-13）可推出：

$$D = \sqrt{\frac{4F}{\pi p} + d^2} \qquad (2\text{-}21)$$

式中　　D——缸体的内径（cm）；

　　　　F——液压缸需要产生的最大推力（kgf）；

　　　　p——液压缸的工作压力（kgf/cm²）；

　　　　d——活塞杆直径（cm）。

液压缸的工作压力与液压缸需要产生的最大推力有关，可以通过表 2-11 确定。

表 2-11　液压缸推力 F 与工作压力 p 的关系

最大推力 F（kg）	<500	500~1000	1000~2000	2000~3000	3000~5000	5000~10000
工作压力 p（kg/cm²）	<8~10	15~20	25~30	20~40	40~50	50~100

活塞杆直径 d 在不同的工作压力下与缸体直径 D 之间的关系见表 2-12。

表 2-12　不同工作压力下活塞杆直径 d 与缸体内径 D 的关系

工作压力 p（kg/cm²）	活塞杆直径 d（cm）
≤20	（0.2~0.3）D
20~50	0.5D
≥50	0.7D

2．缸体壁厚 δ 的选择

液压缸缸体壁厚 δ 通常不计算，一般可按液压缸缸体内径的 1/10 来确定，即 $\delta=1/10D$。

3．液压缸长度 L 的选择

液压缸长度 L 由工作行程来决定，并考虑制造工艺性。一般液压缸长度应不大于缸体内径的 20~30 倍，即 $L \leq （20\sim30）D$。

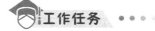

任务实施

工作任务 ● ● ● ●

　　1．在磨床工作台的液压系统中，需要实现工作台做匀速直线往复运动，根据前面所学知识，试选择合适的执行元件并确定其连接到系统中的方式。

　　2．现有磨床工作台在工作时，需要较大的推力为 24000N，工作行程为 1000mm，试确定其液压执行元件的结构尺寸。

【任务解析一】　确定磨床工作台执行元件的类型及其连接、固定方式

1．确定磨床工作台的执行元件

由于磨床工作台工作时，做直线往复运动，可以确定应采用液压缸作为执行元件。

2．确定液压缸的类型及连接方式

由于磨床工作台往复运动的速度一致，因此该液压系统适合采用双作用双出杆液压缸，采用常规连接。

3．确定固定方式

由于磨床工作台行程较长，故采用活塞杆固定在床身上，此时缸体受液压油推力带动工作台一起运动。

【任务解析二】　磨床工作台液压缸结构尺寸的确定

1．缸体内径 D 和活塞杆直径 d 的确定

根据任务要求，平面磨床工作台最大推力 $F = 3000 \text{kgf}$，查表 2-11 可确定系统工作压力 $p = 40 \text{kgf/cm}^2$，代入式（2-20）可算出缸体内径为

$$D = 1.13\sqrt{\frac{F}{p}} = 1.13 \times \sqrt{\frac{3000}{40}} = 9.79 \text{cm} = 97.9 \text{mm}$$

通过查阅相关的手册，对其值进行圆整，最终确定缸体内径为 100mm。

因工作压力 $p = 40 \text{kgf/cm}^2$，则查表 2-12 可知 $d = 0.5D$，因此活塞杆直径 d 为

$$d = 0.5D = 0.5 \times 100 = 50 \text{mm}$$

2．缸体壁厚 δ 的确定

根据已经确定的缸体内径 D，缸体壁厚 $\delta = 1/10D = 1/10 \times 100 = 10 \text{mm}$

3．液压缸长度 L 的确定

因为本任务中液压压力机的工作行程为 500mm，初步选择液压缸长度为 500mm，500mm ≤（20～30）×100mm，故满足对液压缸长度选择的要求。

综合以上的分析和计算，最终选定液压缸缸体内径为 100mm，活塞杆直径为 50mm，缸体壁厚为 10mm，长度为 500mm 的双作用单出杆液压缸作为液压压力机的执行元件，并以常规方式接入液压压力机的液压系统中。

任务评价

通过以上学习，根据任务实施过程，将完成任务情况记录在表 2-13 中，完成任务评价。

表 2-13　执行元件的选择任务评价表

序　号	评价内容	要　求	自　评	互　评
1	能理解并说明液压缸的工作原理	正确，表达灵活		
2	掌握各种液压缸的分类及使用范围，并能够粗略选择	完整，清楚		
3	掌握液压缸的选用方法	熟悉		

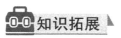 **知识拓展**

其他常用液压缸

一、柱塞式液压缸

柱塞式液压缸是一种单作用液压缸，如图 2-19 所示，柱塞与工作部件连接，缸体固定在机床上，压力油进入缸筒时，推动柱塞带动运动部件向右运动。它只能实现一个方向的液压传动，

反向运动要靠外力或自重驱动。若要实现双向运动，则必须成对使用，如图2-19（c）所示。

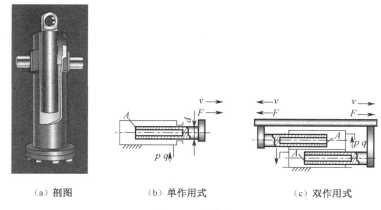

（a）剖图　　　　　　（b）单作用式　　　　　　（c）双作用式

图2-19　柱塞缸

当柱塞的直径为 d，输入液压缸的流量为 q_v，压力为 p 时，柱塞上所产生的推力 F 和速度 v 为

$$F = pA = \frac{\pi p}{4} d^2 \tag{2-22}$$

$$v = \frac{q_v}{A} = \frac{4 q_v}{\pi d^2} \tag{2-23}$$

柱塞式液压缸的主要特点是柱塞和缸筒无配合要求，缸筒内孔不需精加工，甚至可以不加工。此外，由于柱塞运动时由缸盖上的导向套来导向，所以该液压缸特别适用于行程较长的场合。

二、组合式液压缸

1. 增压液压缸

增压液压缸（简称增压缸）又称增压器，如图2-20所示，是一种由活塞缸与柱塞缸组成的复合缸，它利用活塞和柱塞有效工作面积的不同，使液压系统中的局部区域获得高压。其增压能力可用增压比表示

$$K = D^2 / d^2 \tag{2-24}$$

其中，D 和 d 分别为活塞和柱塞直径。

增压缸有单作用和双作用两种形式，如图2-20所示。单作用增压缸在柱塞运动到终点时，不能再输出高压液体，需要将活塞退回到左端位置，再向右运行时才又输出高压液体，不能连续增压；如需连续向系统供油，可采用双作用增压缸，如图2-20（b）所示。

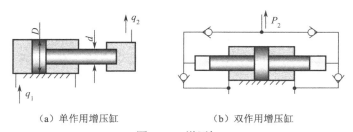

（a）单作用增压缸　　　　　　（b）双作用增压缸

图2-20　增压缸

增压缸作为中间环节，用于低压系统要求有局部高压油路的场合。

2．伸缩式液压缸

伸缩式液压缸（简称伸缩缸）又称多套缸，它一般由两个或多个活塞缸套装而成，前一级活塞缸的活塞杆内孔是后一级活塞缸的缸筒，如图 2-21 所示。

伸缩缸可以是如图 2-22（a）所示的单作用式，也可以是如图 2-22（b）所示的双作用式，前者靠外力回程，后者靠液压回程。

图 2-21　伸缩式液压缸

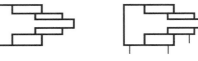

（a）单作用式　　　（b）双作用式

图 2-22　伸缩缸的类型

伸缩缸的外伸动作是逐级进行的。首先是最大直径的缸筒以最低的油液压力开始外伸，当到达行程终点后，稍小直径的缸筒开始外伸，直径最小的末级最后伸出。在通入有压流体时各级活塞按有效面积的大小依次先后动作，并在输入流量不变的情况下，输出推力逐级减小，速度逐级加大，其值为

$$F_i = \frac{\pi p_1}{4} D_i^2 \tag{2-25}$$

$$v_i = \frac{4q_v}{\pi D_i^2} \tag{2-26}$$

式中，i 指 i 级活塞缸。

由式（2-25）、式（2-26）可知，随着工作级数变大，外伸缸筒直径越来越小，工作油液压力随之升高，工作速度变快。

3．齿轮式液压缸

齿轮齿条活塞缸又称无杆式液压缸。它由带有齿条杆的双活塞缸和齿轮齿条机构组成，如图 2-23 所示。活塞的往复运动经齿轮齿条机构转换成齿轮轴的周期性往复转动，用于实现工作部件的往复摆动或间歇进给运动。多用于自动生产线、组合机床等的转位或分度机构中。

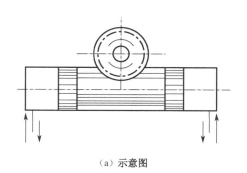

（a）示意图

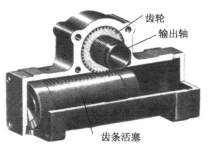

（b）剖图

图 2-23　齿轮齿条活塞缸

任务 3　认识液压系统辅助元件

任务目标

- 熟悉油箱、过滤器、热交换器、蓄能器、油管及管接头的基本功能和图形符号。
- 熟悉常用液压辅助元件的安装位置、使用注意事项。

任务呈现

液压系统中的辅助元件是指那些既不直接参与能量转换，也不直接参与方向、压力、流量等控制的元件或装置，如油箱、冷却器、加热器、滤油器、密封装置、蓄能器、压力表、油管及管接头等，这些元件、装置对系统工作的可靠性、性能、寿命、噪声、温升等都有直接影响，必须加以重视。其中油箱需根据系统要求自行设计，其他辅助装置则已标准化，由专业生产制造厂制造为标准件，可以直接选用。

想一想

1. 前面说到，液压系统油箱需根据系统要求自行设计，那么该如何设计？该注意哪些问题？

2. 冷却器、过滤器等辅助装置有自己独立的功能，在使用的时候该如何安装？

知识准备

一、油箱

油箱用以储存油液，以保证供给液压系统充分的工作油液，同时还具有散热、使渗入油液中的污物沉淀等作用。

1. 油箱的结构类型

液压系统中的油箱可分为整体式和分离式两种。所谓整体式是指利用主机的底座等作为油箱。而分离式油箱则与三机分离并与泵组成一个独立的供油单元（泵站）。如图 2-24 所示。

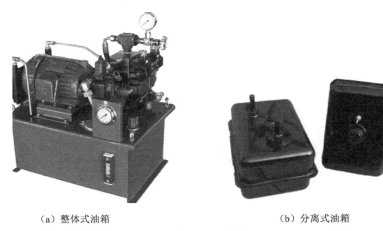

（a）整体式油箱　　　　　　　　（b）分离式油箱

图 2-24　油箱

整体式油箱是以机械设备机体空腔部分作为油箱，例如压铸机、注塑机等。这种油箱结构紧凑，各处液压元件的漏油易于回收，但增加了设计和制造的复杂性，维修不便，散热条件不好，且会使主机产生热变形。

分离式油箱，单独设置，可减少油箱发热和液压振动对主机工作精度的影响，便于设计成通用化、系列化产品，因而得到广泛应用，大型、精密设备都适用。其结构及图形符号如图 2-25 所示。油箱内部用上、下隔板将吸油管和回油管隔开，上隔板用来阻挡泡沫进入吸油管，下隔板用来阻挡沉淀杂质进入吸油管。油箱顶部、侧壁和底部分别装有空气过滤器、油面指示器和放油阀。空气过滤器设在回油管一侧，兼有加油和通气作用。油面指示器用来指示最低、最高油位。放油阀可用于换油时放掉脏油，清洗油箱时可卸掉上盖。

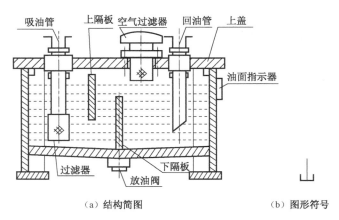

（a）结构简图　　　　　　　　　（b）图形符号

图 2-25　分离式油箱的结构及图形符号

2．油箱使用注意事项

使用油箱时应注意以下几个方面。

（1）油箱要有足够的强度和刚度。必要时可以加焊加强筋或者在其内部焊角钢或槽钢。

（2）油面高度一般不超过油箱高度的80%，以防溢出。

（3）液压泵的吸油管上应安装100～200目的网式过滤器。过滤器与箱底间的距离不应小于20mm。过滤器不允许露出油液面，防止泵卷吸空气产生噪声。系统的回油管必须插于最低油面以下，防止回油飞溅产生小气泡。回油管口应截成45°斜角，以增大回流截面，并使斜面对着箱壁，以利散热和沉淀杂质。

（4）吸油管和回油管间的距离应尽量远些。其间应用隔板隔开，以增加油液的循环距离，使油液中的污物和气泡充分沉淀或析出。隔板高度一般为液面高度的3/4；阀的泄油管应处于液面上方，以避免产生背压。

（5）防污密封。为防止油液污染，盖板及窗口各连接处均须加密封垫，各油管通过的孔都要加密封圈。防止油箱出现负压而设置的通气孔上须装空气滤清器。油箱内回油集中部分及清污口附近宜装设一些磁性块，以去除油液中的铁屑和带磁性颗粒。

（6）油箱底部应有坡度，箱底与地面间应有一定距离，以便散热、搬移和放油，箱底最低处要设置放油阀。为了便于换油时清洗油箱，大容量的油箱一般均在侧壁设清洗窗口。

（7）油箱内壁表面要做专门处理。为防止油箱内壁涂层脱落，新油箱内壁要经喷洗和表面清洗，然后再涂一层与工作液相容的塑料薄膜或耐油清漆。铸造的油箱内壁一般只进行喷砂处理，不涂漆。

（8）油箱外壁涂极薄（厚度不超过0.025mm）的黑漆，有良好的辐射冷却效果。

（9）油箱正常工作温度应在15～65℃之间，在环境温度变化较大的场合应安装热交换器（即冷却器和加热器）。

（10）大中型油箱应设吊钩或吊耳，以便起吊装运。

二、过滤器

在液压系统中，液压油作为工作介质来进行能量传递，其质量好坏直接影响系统工作。而空气中的粉尘、油液氧化变质产生析出物、加工中产生的切屑混入油液中，会引起系统中的相对运动零件表面磨损、划伤甚至卡死，还会堵塞控制阀的节流口和管路小口，使系统不能正常工作。据统计，液压系统中的故障有75%以上是由油液的污染造成的。过滤器的作用是清除油液中的各种杂质，控制油液的洁净程度，降低进入系统中油液的污染度，保证系统正常工作。

1．过滤器的基本要求

对过滤器的基本要求主要有以下几点：

（1）有足够的过滤精度。过滤器按其过滤精度（过滤器滤芯滤去杂质的颗粒度大小，以其直径d为公称尺寸，单位为μm）的不同，分为粗过滤器、普通过滤器、精过滤器和特精过滤器四种，它们分别能滤去大于100μm、10～100μm、5～10μm和1～5μm的杂质。

（2）有足够的过滤能力，能在较长时间内保持足够的通流能力。

（3）滤芯具有足够的强度，不会因液压力的作用而损坏。

（4）滤芯抗腐蚀性能好，能在规定的温度下持久地工作。

（5）滤芯清洗或更换方便。

2．过滤器的分类及图形符号

过滤器按过滤机理可分为机械滤油器和磁性滤油器两类，前者是使液压油通过滤芯的孔隙时将污物的颗粒阻挡在滤芯的一侧，后者用磁性滤芯将所通过的液压油内的铁磁颗粒吸附在滤芯上。一般液压系统中常用机械过滤器，要求较高的系统可将上述两类过滤器联合使用。常用的过滤器有网式、线隙式、纸芯式、烧结式和磁性过滤器等类型，详见表 2-14。

表 2-14 常用过滤器的主要性能比较

分 类	图 例	主 要 特 点	应 用
网式 （粗滤器）		其滤芯以铜网为过滤材料，其过滤精度与铜丝网层数及网孔大小有关。 结构简单，通油能力大，压力损失小，容易清洗，但过滤精度低	装在泵的吸油管路上，用以保护泵，避免吸入较大的杂质
线隙式 （粗滤器）		滤芯由绕在芯架上的一层金属线组成，依靠线间微小间隙来阻止油液中的杂质通过。 结构简单，过滤效果比网式高，通油能力大，但滤芯材料强度低，且不易清洗	装在泵的吸油管路或回油管路上
纸芯式 （精滤器）		其滤芯为平纹或波纹的酚醛树脂或木浆微孔滤纸制成的纸芯，将纸芯围绕在带孔的镀锡铁做成的骨架上，以增大强度。为增加过滤面积，纸芯一般做成折叠形。 过滤精度高，但易堵塞，无法清洗，需要换滤芯	用于精过滤，最好与其他过滤器联合使用
烧结式 （精滤器）		其滤芯用金属粉末烧结而成，利用颗粒间的微孔来挡住油液中的杂质通过。 能承受高压，抗腐蚀性好，过滤精度高。但其颗粒容易脱落，堵塞不易清洗	适用于要求精过滤的高压、高温液压系统

续表

分　类	图　例	主　要　特　点	应　用
磁性过滤器	 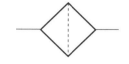	滤芯由永久磁铁制成，能吸住油液中的铁屑、铁粉及带磁性的磨料。常与其他类型的滤芯合起来制成复合式过滤器	特别适用于加工钢铁件的机床液压系统

过滤器的图形符号，如图 2-26 所示。

3．滤油器的选用

（1）滤孔尺寸。

滤芯的滤孔尺寸可根据过滤精度或过滤比的要求来选取。

（2）通过能力。

滤芯应有足够的通流面积。通过的流量越高，则要求通流
面积越大。一般可按要求通过的流量，由样本选用相应规格的滤芯。

图 2-26　过滤器的图形符号

（3）耐压。

包括滤芯的耐压以及壳体的耐压。这主要靠设计时的滤芯有足够的通流面积，使滤芯上的压降足够小，以避免滤芯被破坏。当滤芯堵塞时，压降便增加，故要在滤油器上装置安全阀或发讯装置报警。必须注意滤芯的耐压与滤油器的使用压力是两回事。当提高使用压力时，只需考虑壳体（以及相应的密封装置）是否能承受，而与滤芯的耐压无关。

4．过滤器的安装

过滤器在液压系统中的安装位置，见表 2-15。

表 2-15　过滤器的安装位置

安 装 位 置	图　例	说　明
泵的吸油口处	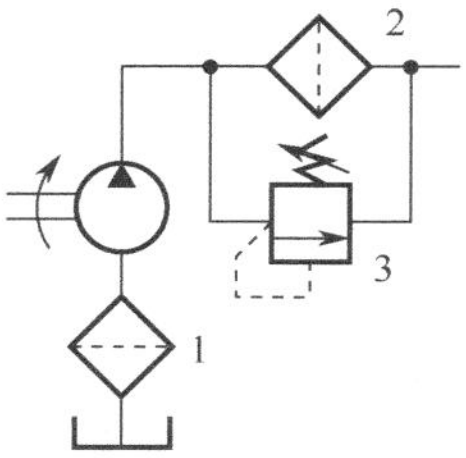	如图中的 1，目的是滤去较大的杂质微粒以保护液压泵。可选用过滤精度较低的网式或线隙式过滤器
泵的出口油路上		如图中的 2，目的是滤除可能侵入阀类等元件的污染物，同时应并装一安全阀 3，以防过滤器堵塞。 应选择过滤精度高，能承受油路上工作压力和冲击压力的过滤器，如纸芯式或烧结式过滤器
系统的回油路上	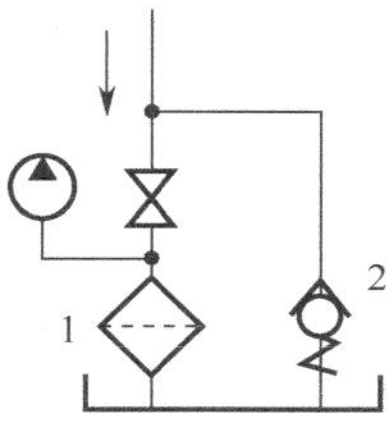	如图中的 1，可滤去油液回油箱前侵入系统或系统生成的污物。为了防止过滤器堵塞，一般与过滤器并联安装一背压阀 2 或安装堵塞发讯装置。 由于回油压力低，可采用滤芯强度低的过滤器，如线隙式过滤器

续表

安 装 位 置	图 例	说 明
系统分支油路上		对油液起进一步过滤的作用 由于流量远小于泵流量，只需一小规格过滤器即可
单独过滤系统	过滤回路	专门滤去液压系统油箱中的污物，通过不断循环，提高油液清洁度。 专设一液压泵和过滤器组成独立的过滤回路，适用于大型液压系统

三、冷却器和加热器

油液在液压系统中具有密封、润滑、传递动力等多重作用，为保证液压系统正常工作，应将油液温度控制在一定范围内。如果液压油温度过高，会使润滑部位的油膜破坏，油液泄漏增加，密封材料提前老化，气蚀现象加剧等。所以当依靠自然散热无法使系统油降低到正常温度时，就应采用冷却器进行强制性冷却。相反，油温过低，则油液黏度过大，会造成设备启动困难，压力损失加大并使振动加剧等不良后果，这时就要通过设置加热器来提高油液温度。

1. 冷却器

液压系统中的功率损失几乎全部变成能量，使油液温度升高。要是散热面积不够，则需要采用冷却器，使油液的平衡温度降低到合适的范围内。

（1）冷却器的分类及应用。

冷却器种类较多，按冷却介质分，冷却器可分为风冷、水冷和氨冷等多种形式。一般液压系统中主要采用前两种。水冷却器有多管式、蛇管式和翅片式等。风冷式冷却器由风扇和许多带散热片的管子组成。

冷却器的分类及应用特点见表2-16。

表2-16　冷却器的分类及特点

分　类	图　例	主 要 特 点
风冷式		用风扇鼓风带走流入散热器内油液的热量，不须另设通水管路，结构简单，价格低廉，但冷却效果较水冷式差。常用在行走设备上

续表

分　类		图　例	主　要　特　点
水冷式	多管式		冷却水从管内流过，油从列管间流过，中间隔板使油折流，冷却效果好，应用较多
	蛇管式		结构简单，价格低廉，蛇管能承受高的压力，常用于高压流体的冷却。但散热面积小，冷却效率低
	翅片式		采用高效金属片压制，冷却效果较其他水冷形式好

（2）冷却器的图形符号及安装位置。

冷却器的图形符号如图 2-27（a）所示。冷却器一般安装在回油管路或低压管路上，如图 2-27（b）所示，这样可防止冷却器承受高压且冷却效果也较好。

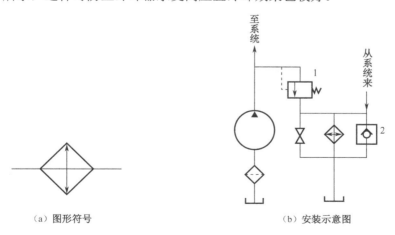

（a）图形符号　　　　　　　　　　　　（b）安装示意图

图 2-27　冷却器的安装及图形符号

2．加热器

油液加热的方法有热水或蒸汽加热和电加热两种方式。由于电加热器使用方便，易于自动控制温度，故应用广泛。如图 2-28（b）所示，电加热器用法兰盘水平安装在油箱侧壁上，发热部分全部浸在油液的流动处，便于热量交换。电加热器表面功率密度不得超过$3W/cm^2$，以免油液温度过高而变质。电加热器的实物图及图形符号如图 2-28（a）、（c）所示。

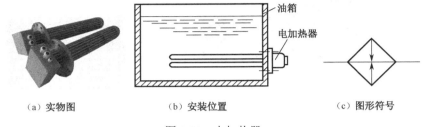

（a）实物图　　　　　　　（b）安装位置　　　　　　　（c）图形符号

图 2-28　电加热器

四、蓄能器

蓄能器是液压系统中一种用以存储和释放液压能的装置。

1. 蓄能器的功用

（1）做辅助动力源。它应用于间歇需要大流量的系统中，以达到节约能量、减少投资的目的。

（2）补偿泄漏和恒压。

（3）吸收压力脉动及减小液压冲击，降低噪声。

2. 蓄能器的分类、工作原理及特点

蓄能器的类型较多，按其结构可分为重锤式、弹簧式和充气式三类。充气式蓄能器又分为气液直接接触式、活塞式、气囊式和隔膜式四种。其中活塞式、气囊式蓄能器应用最为广泛。常见蓄能器的种类、工作原理及特点，见表 2-17。

表 2-17　常见蓄能器的种类、工作原理及特点

分　类	工　作　原　理	主要特点及应用
重锤式	利用重物位置的变化来储存和释放能量。重锤通过柱塞作用于液压油面上，使之产生压力。当储存能量时，油液经单向阀进入蓄能器内，通过柱塞推动重物上升；释放能量时，柱塞同重物一起下降，压力油从蓄能器输出。液压作用力的大小取决于重锤重量和柱塞直径	结构简单、压力稳定，但容量小、体积大、反应不灵活、易产生泄漏。 目前只用于少数大型固定设备的液压系统作储能器
弹簧式	利用弹簧的伸缩来储存和释放能量，液压作用力的大小取决于弹簧的预紧力和活塞的面积。由于弹簧伸缩时弹簧力会发生变化，所形成的油压随之发生变化。因此，一般弹簧的刚度不可太大，弹簧的行程也不能过大。从而限定了这种蓄能器的工作压力	结构简单、反应较灵敏、容量较小、承压较低。 主要应用于低压、小容量的系统，作为液压系统的缓冲机构

分　类		工 作 原 理	主要特点及应用
充气式	活塞式	压力油从进油口进入，推动活塞，压缩活塞上腔的气体而储存能量。当系统压力低于蓄能器内的压力时，气体推动活塞，释放压力油，满足系统需要	结构简单、动作可靠、维修方便；但由于缸体的加工精度要求较高、活塞密封易磨损、活塞惯性和摩擦力的影响，故成本高、易泄漏、反应灵敏度差。主要用来储能
	气囊式	利用所充气体的压缩和膨胀来储存和释放能量。为了安全，所充气体一般为惰性气体或氮气　气囊安装在壳体内，充气阀为气囊充入氮气，压力油从入口顶开限位阀进入蓄能器压缩气囊，气囊内的气体被压缩而储存能量。当系统压力低于蓄能器压力时，气囊膨胀使压力油输出，蓄能器释放能量。蓄能器下部的限位阀（提升阀）可防止气囊膨胀时从蓄能器油口处凸出而损坏	气体与油液完全隔开，气囊惯性小、反应灵活、结构尺寸小、重量轻、安装方便，是目前应用最为广泛的蓄能器之一。气囊有折合型和波纹型两种，前者容量较大适用于储能，后者则适用于吸收冲击

蓄能器的实物图及图形符号，如图 2-29 所示。

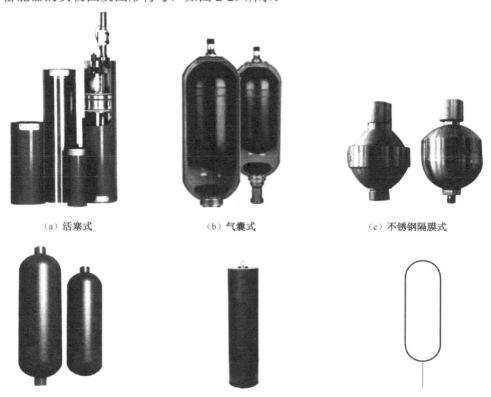

（a）活塞式　　　　　　　（b）气囊式　　　　　　　（c）不锈钢隔膜式

（d）非隔离式（e）弹簧式（f）一般图形符号

图 2-29　蓄能器的实物图及图形符号

3．蓄能器的使用和安装

（1）在安装蓄能器时，应将油口朝下垂直安装。

（2）装在管路上的蓄能器必须用支架固定。

（3）蓄能器是压力容器，搬运和装拆时应先排除内部的气体，工作时要注意安全。

（4）蓄能器与管路系统之间应安装截止阀，这便于系统在长期停止工作或充气、检修时，将蓄能器与主油路切断。

（5）蓄能器与液压泵之间应设单向阀，以防止液压泵停转时蓄能器内的压力油倒流。

（6）用于吸收液压冲击和脉动压力的蓄能器，应尽可能装在震源附近，并便于检修。

五、油管及管接头

油管、管接头称为连接件，其作用是将分散的液压元件连接起来，构成一个完整的液压系统。连接件的性能与结构对液压系统的工作状态有直接的影响。

1．油管

（1）油管的种类。

液压系统中使用的油管有钢管、铜管、橡胶软管、塑料管和尼龙管等几种，一般是根据液压系统的工作压力、工作环境和液压元件的安装位置等因素来选用的。现代液压系统一般使用钢管和橡胶软管，很少使用铜管、塑料管和尼龙管。

液压系统常用油管有钢管、紫铜管、塑料管、尼龙管和橡胶软管等。应当根据液压装置工作条件和压力大小来选择油管。油管的特点及适用场合见表2-18。

表 2-18　各种油管的特点及适用场合

分　类		主要特点及应用
硬管	钢管	能承受高压，价格低廉，耐油，抗腐蚀，刚性好，但装配时不能任意弯曲。在拆装方便处常用作压力管道。中、高压用无缝管，低压用焊接管
	紫铜管	易弯曲成各种形状，承压能力一般不超过 4.5～10MPa，抗震能力较弱，又易使油液氧化。常用在仪表和液压系统装配不便处
软管	塑料管	质轻耐油，价格便宜，装配方便，但承压能力低，长期使用会变质老化，只宜用作压力低于 0.5 MPa 的回油管、泄油管等
	尼龙管	乳白色半透明，加热后可以随意弯曲成型或扩口，冷却后又能定形不变，承压能力因材质而异（2.5～8 MPa）
	橡胶软管	高压管由耐油橡胶夹几层钢丝编织网制成，钢丝网层数越多，耐压越高，价格昂贵，用作中、高压系统中两个相对运动件之间的压力管道；低压管由耐油橡胶夹帆布制成，可用作回油管道

（2）油管尺寸的确定。

油管尺寸主要指内径 d 和壁厚 δ。内径 d 的选取以降低流速减少压力损失为前提，内径过小，流速过高，压力损失大，易产生振动和噪声；内径过大，会使液压装置不紧凑。管的壁厚 δ 不仅与工作压力有关，而且与管子材料有关。一般根据有关标准，查手册确定 d 和壁厚 δ。

在配置液压系统管道时还应注意以下几点：

① 尽量缩短管路，避免过多的交叉迂回。

② 弯硬管时使用弯管器，弯曲部分保持圆滑，防止皱折。

③ 金属管随意接时要留有胀缩余地。

④ 随意接软管时要防止软管受拉或受扭。

2. 管接头

管接头是油管与油管、油管与液压元件之间的可拆式连接件。它必须满足装拆方便，连接牢固，密封可靠，外形尺寸小，通油能力大，压力损失小，加工工艺性能好等要求。

管接头的种类很多，按接头的通路分有直通式、角通式、三通式和四通式（见图 2-30）；按接头与阀体或阀板的连接方式分有螺纹式、法兰式等；按油管与接头的连接方式分为扩口式、焊接式、卡套式、扣压式、快换式等。具体规格品种可查阅有关手册。

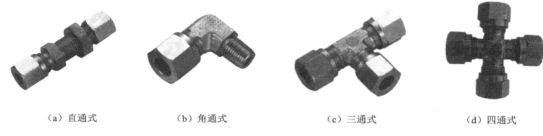

| （a）直通式 | （b）角通式 | （c）三通式 | （d）四通式 |

图 2-30 管接头的通路数

油管与管接头的常见连接方式见表 2-19。

表 2-19 常用管接头的特点及适用场合

分 类	图 例	主要特点及应用
扩口式	接头体 导套 螺母	用油管管端的扩口在管套的压紧下进行密封，结构简单。适用于铜管、薄壁钢管、尼龙管和塑料管等低压管道的连接
焊接式		利用环面进行密封，简单可靠、连接牢固。用来连接管壁较厚的钢管，适用于中压系统

续表

分　类	图　　例	主要特点及应用
卡套式	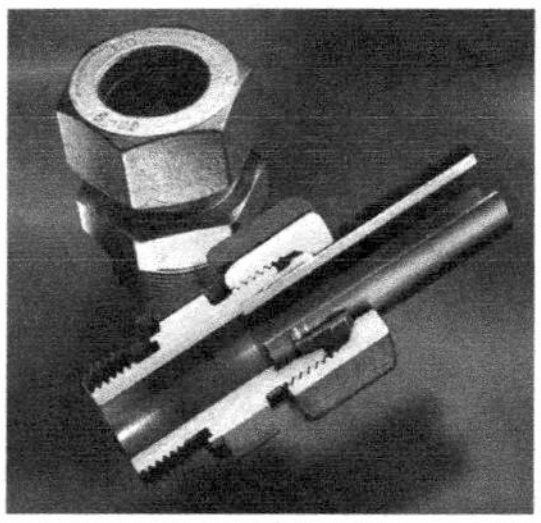	用卡套套住油管进行密封，轴向尺寸要求不严，拆装简便，适用于高压系统的钢管连接；对油管径向尺寸精度要求较高，一般要用冷拔无缝钢管
扣压式		用来连接高压软管。在中、低压系统中应用
快换式	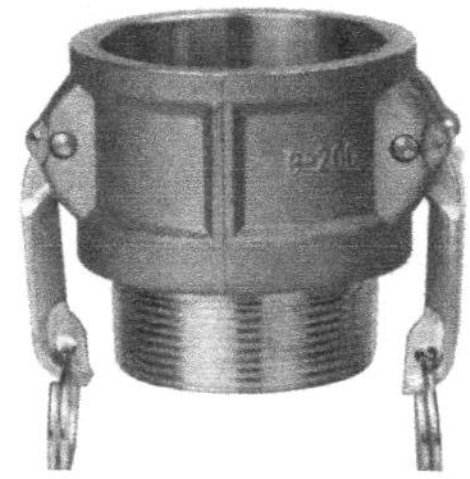	拆装快速，适用于经常拆装的地方

任务实施

工作任务 • • • •

　　1. 前面说到，液压系统油箱须根据系统要求自行设计，那么该如何设计？该注意哪些问题？

　　2. 冷却器、过滤器等辅助装置有自己独立的功能，通过前面的学习，试说说在使用的时候该如何安装？

【任务解析一】油箱设计时的注意事项

（1）应考虑清洗、换油方便。

（2）油箱应有足够的容量。

（3）吸油管及回油管应隔开，最好用一个或几个隔板隔开，以增加油液循环距离，使油液有充分时间沉淀污物，排出气泡和冷却。

（4）吸油管距离箱底距离 $H/2D$，距离壁大于 $3D$（D 为吸油管外径）。

（5）油箱一般用 2.5～4mm 的钢板焊成，尺寸高大的油箱要加焊角铁和筋板，以增加刚性。

（6）要防止油液渗漏和污染。

（7）油箱应便于安装、吊装和维修。

【任务解析二】

1．冷却器的安装

冷却器一般安装在回油管路或低压管路上，如图 2-27 所示，这样可防止冷却器承受高压且冷却效果也较好。

2．过滤器的安装

（1）安装在泵的吸油口处，可滤去较大的杂质微粒以保护液压泵。

（2）安装在泵的出口油路上，可滤除可能侵入阀类等元件的污染物，同时应并装一安全阀，以防过滤器堵塞。

（3）安装在系统的回油路上，可滤去油液回油箱前侵入系统或系统生成的污物。为了防止过滤器堵塞，一般与过滤器并联安装一背压阀或安装堵塞发讯装置。

（4）安装在分支油路上，对油液起进一步过滤的作用。

（5）形成单独过滤系统，专门滤去液压系统油箱中的污物，通过不断循环，提高油液清洁度。

任务评价

通过以上学习，根据任务实施过程，将完成任务情况记录在表 2-20 中，完成任务评价。

表 2-20　认识液压系统辅助元件任务评价表

序　号	评价内容	要　求	自　评	互　评
1	说的出各种辅件的作用，安装方法	表达正确，安装正确		
2	掌握液压辅件的使用注意事项	熟悉		

项目总结

1．液压泵是液压系统的动力元件，是能量转换装置。其作用是把原动机的机械能转换为液压能，向系统提供一定压力和流量的油液。

2．液压泵是依靠密封容积的变化来完成吸油和压油的，故一般称为容积式液压泵。

3．液压泵按其结构形式的不同可分为齿轮泵、叶片泵、柱塞泵和螺杆泵四大类，其中能调节流量的有单作用叶片泵和柱塞泵。齿轮泵一般用于低压系统，叶片泵用于中压系统，柱塞泵用于高压系统。螺杆泵特别适用于对压力和流量稳定要求比较高的精密机械，又常被用来输送黏度较大的液体。

4．液压泵的性能取决于其压力、排量、流量和效率。

5．液压系统的工作压力取决于外负载的大小和排油管路上的压力损失，而与液压泵的流量无关。液压泵必须在其额定压力之内工作。

6．液压缸和液压马达是液压系统的执行元件，是能量转换装置。其作用是将液压系统中的压力能转换为机械能，以驱动工作部件做有用功。其中液压缸输出直线运动或往复摆动，而液压马达输出旋转运动。

7．当工作往复速度要求不一致，且对返回速度要求不高，但要求液压缸产生很大的推力时，可选择双作用单出杆液压缸常规连接接入液压系统；当要求速度快，推力要求不高时，可采用双作用单出杆液压缸差动连接；当要求液压缸往返速度一致或工作行程较长时，可考虑采用双作用双出杆液压缸。当需要局部增压时，可采用增压缸；要求行程较长时，可采用柱塞缸。

8．液压系统中的辅助元件是系统中不可缺少的组成部分。其中油箱用于储油、散热、释放出混在油液中的气体、沉淀污物以及作为其他液压元件的安装平台；冷却器和加热器用于控制油液温度，以保证液压系统正常工作；蓄能器是液压系统中用以存储和释放液压能的装置；油管的作用是输送工作介质；管接头的作用是将油管与油管、油管与液压元件连接起来，构成一个完整的液压系统。

课后练习

一、填空题

1．液压系统中的压力取决于_____，执行元件的运动速度取决于_____。

2．液压泵是将原动机输出的_____能转换为工作油液的_____能的能量转换装置。它是靠_____的变化来实现吸油和压油的。

3．液压泵按输出流量是否可变分为_____和_____；液压泵按输出流量是否可变分为_____和_____。

4．从结构复杂程度、自吸能力、抗污染能力和价格方面比较，_____泵最好，_____泵最差。

5．液压泵的总效率等于_____效率和_____效率的乘积。

6．齿轮泵工作时，当一对轮齿逐渐脱开啮合时，密封工作腔容积变_____进行_____；当一对轮齿逐渐进入啮合时，密封工作腔容积变_____进行_____。

7．泵每转一转，由其几何尺寸计算而得到的排出液体的体积，称为_____。

8．写出图2-31所示液压图形符号的名称。

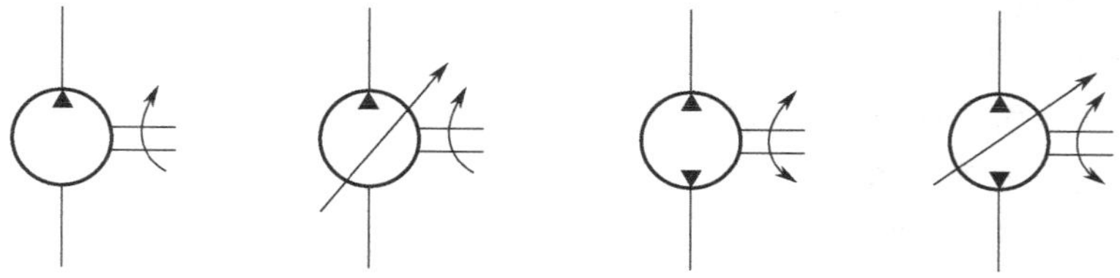

（a）_____；（b）_____；（c）_____；（d）_____；

图2-31　液压图形符号

9．液压缸是将_____能转变为_____能，用来实现_____运动的执行元件。液压马达是将_____转换为_____的装置，可以实现连续地旋转运动。

10．工作行程很长的情况下，使用_____液压缸最合适。

11．根据冷却介质不同，冷却器可分为_____式和_____式两种。

12. 蓄能器的主要作用是：作_____动力源；用于系统_____、_____；吸收压力_____和消除压力_____。

13. 写出图 2-32 所示液压元件图形符号的名称。

（a）_____；（b）_____；（c）_____；

（d）_____；（e）_____。

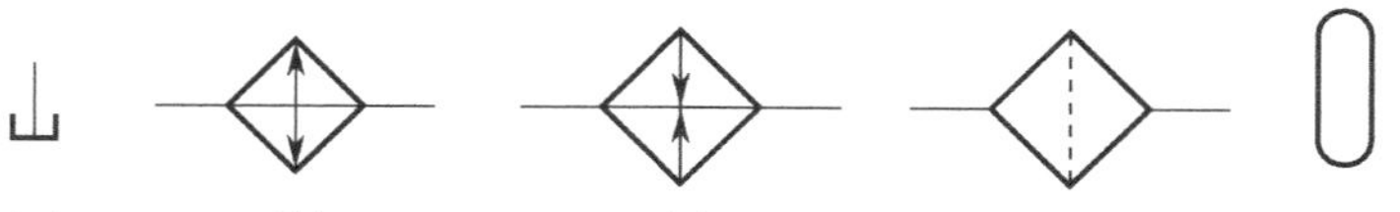

图 2-32　液压图形符号

二、判断题

1. 液压泵都是依靠密封容积变化的原理来进行工作的。　　　　　　　　　（　　）
2. 液压系统中的油箱应与大气隔绝。　　　　　　　　　　　　　　　　　（　　）
3. 驱动液压泵的电动机所需功率应比液压泵的输出功率大。　　　　　　　（　　）
4. 容积式液压泵输出流量的大小仅取决于密封容积的大小。　　　　　　　（　　）
5. 变量泵就是运转中密封容积不断变化的液压泵。　　　　　　　　　　　（　　）
6. 液压传动系统中，压力的大小取决于油液流量的大小。　　　　　　　　（　　）
7. 液压泵的额定工作压力应不高于系统中执行元件的最高工作压力。　　　（　　）
8. 液压马达属于动力元件，它能把油液的液压能转化为机械能。　　　　　（　　）
9. 液压缸是液压系统的动力元件。　　　　　　　　　　　　　　　　　　（　　）
10. 气囊式蓄能器原则上应垂直安装，即油口向下。　　　　　　　　　　（　　）
11. 液压缸是把液体的压力能转换成机械能的能量转换装置。　　　　　　（　　）
12. 双活塞杆液压缸又称为双作用液压缸，单活塞杆液压缸又称为单作用液压缸。

　　　　　　　　　　　　　　　　　　　　　　　　　　　　　　　　　（　　）
13. 在机床液压系统中，不可以利用床身或底座内的空间作油箱。　　　　（　　）
14. 冷却器一般安装在回油管路或低压管路上，这样可防止冷却器承受高压且冷却效果也较好。　　　　　　　　　　　　　　　　　　　　　　　　　　　　　（　　）
15. 单个加热器功率越大越好，使周边温度快速提高，油液不变质。　　　（　　）
16. 过滤器只能单向使用，按规定液流方向安装。　　　　　　　　　　　（　　）

三、选择题

1. 自吸性能好的液压泵是（　　　）。
　　A．叶片泵　　　　　　B．柱塞泵　　　　　　C．齿轮泵
2. 液压系统中液压泵属于（　　　）。
　　A．动力部分　　　　B．执行部分　　　　C．控制部分　　　　D．辅助部分
3. 外啮合齿轮泵的特点是（　　　）。
　　A．结构紧凑、流量调节方便
　　B．通常采用减小进油口的方法来降低径向不平衡力
　　C．噪声较小，输油量均匀，体积小，重量轻

4．做差动连接的单出杆活塞缸，要使活塞往复运动速度相同，则要满足（　　）。

    A．活塞直径为活塞杆直径的 2 倍

    B．活塞直径为活塞杆直径的 $\sqrt{2}$ 倍

    C．活塞有效作用面积为活塞杆面积的 2 倍

    D．活塞有效作用面积为活塞杆面积的 $\sqrt{2}$ 倍

5．液压龙门刨床的工作台较长，考虑到液压缸缸体长，孔加工困难，所以采用（　　）液压缸较好。

    A．单出杆活塞式　　　　　　　　B．双出杆活塞式

    C．柱塞式　　　　　　　　　　　D．摆动式

6．液压缸活塞的有效作用面积一定时，液压缸活塞的运动速度取决于（　　）。

    A．液压缸中油液的压力　　　　　B．负载的大小

    C．进入液压缸的油液流量　　　　D．液压泵的输出流量

7．液压缸差动连接工作时，缸的（　　），缸的（　　）。

    A．运动速度增加了　　　　　　　B．输出力增加了

    C．运动速度减少了　　　　　　　D．输出力减少了

8．（　　）不是油箱的作用。

    A．储存压力油

    B．散热（或加热）

    C．分离油中的气体及沉淀污物

9．强度高、耐高温、抗腐蚀性强、过滤精度高的精过滤器是（　　）。

    A．网式过滤器　　　　　　　　　B．线隙式过滤器

    C．纸芯式过滤器　　　　　　　　D．烧结式过滤器

10．过滤器的作用是（　　）。

    A．储油、散热

    B．清除油液中的杂质

    C．连接液压管路

11．液压系统在通常情况下，泵的吸油口一般应装有（　　）。

    A．粗过滤器　　　　B．精过滤器　　　　C．蓄能器

12．蓄能器是一种（　　）的液压元件。

    A．储存液压油　　　B．过滤　　　　　　C．储存压力油

四、简答题

1．如果与液压泵吸油口相通的油箱是完全封闭的，不与大气相通，液压泵能否正常工作？

2．什么叫液压泵的工作压力、最高压力和额定压力？三者有何关系？

3．齿轮泵的径向力不平衡是怎样产生的？会带来什么后果？消除径向力不平衡的措施有哪些？

4．液压马达和液压泵有哪些相同点和不同点？

五、计算题

1. 已知液压泵转速为 1000r/min，排量为 160ml/r，额定压力为 30MPa，实际输出流量为 150L/min，泵的总效率为 0.87，求：

（1）泵的理论流量；

（2）驱动液压泵所需的电动机功率。

2. 如图 2-33 所示单杆活塞缸，已知活塞的面积 $A_1 = 0.05\mathrm{m}^2$，活塞杆的面积 $A_2 = 0.01\mathrm{m}^2$，液压缸的进油量 $q_v = 4.17 \times 10^{-4}\,\mathrm{m}^3/\mathrm{s}$，压力 $p = 25 \times 10^5\,\mathrm{Pa}$，若回油腔直接接油箱，试计算下列情况时，活塞的推力和速度，并确定活塞的运动方向。

（1）左腔进油，右腔回油。

（2）右腔进油，左腔回油。

（3）左、右腔同时进油。

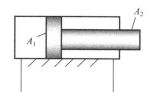

图 2-33 单杆活塞缸

项目 3 方向控制阀与方向控制回路

项目描述

　　一个正常的设备都需要经常地启动、制动、换向、调节运动速度等，一台半自动车床正常工作时，常根据需要进行启停、进刀、退刀、正转、反转、快进、慢进等，而作为控制台部分的液压系统就必须要具备这些能力。在液压系统中就是利用液压控制元件实现这些操作控制的。

　　液压控制阀，简称液压阀，它是液压系统中的控制元件，其作用是控制和调节液压系统中液压油的流动方向、压力的高低和流量的大小，以满足液压缸、液压马达等执行元件不同的动作要求。

一、液压阀的分类

　　液压阀由阀体、阀芯（滑阀或转阀）和驱使阀芯动作的元部件（如弹簧、电磁铁）组成，其功能、结构、操纵方式、连接形式各有不同，详见表3-1。

表3-1　液压阀的分类

分类方法	种类	详细分类举例
按用途	方向控制阀	单向阀、换向阀、液压单向阀
	压力控制阀	溢流阀、减压阀、顺序阀、压力继电器
	流量控制阀	节流阀、调速阀、分流阀、集流阀
按操纵方式	人力操纵阀	手把及手轮、踏板、杠杆操纵阀
	机械操纵阀	挡块、弹簧、液压、气动操纵阀
	电动操纵阀	电磁铁操纵阀、电液操纵阀
按连接方式	管式连接	螺纹式连接阀、法兰式连接阀
	板式连接	单层连接板式阀、双层连接板式阀
	叠加式连接	集成阀、叠加阀
	插装式连接	螺纹式插装阀、法兰式插装阀
按组合程度	单一阀	单向阀、顺序阀、调速阀
	组合阀	单向减压阀、单向顺序阀、单向节流阀、单向调速阀

二、液压阀的基本要求

为使阀芯能灵活运动而又减少泄漏，对液压阀性能的基本要求如下。

（1）动作灵敏、可靠，冲击振动要小。

（2）油液流过阀时的压力损失要小。

（3）密封性要好。

（4）结构简单，便于制造、安装及调整。

（5）通用性大，互换性好。

任务 1 平面磨床工作台的液压换向控制回路设计

任务目标

- 了解方向控制阀的各种结构，掌握其工作原理及图形符号。
- 掌握三位阀的中位机能，能根据系统要求合理选择。
- 掌握方向控制回路的结构组成和工作原理。
- 掌握各种换向回路的功能，学会合理选用换向回路。

任务呈现

平面磨床（图 3-1）的工作台在工作中是由液压传动系统带动进行往复运动的，为了保证加工质量，工作台在工作行程中往复运动的速度应保持一致，同时在任意位置都能锁定。

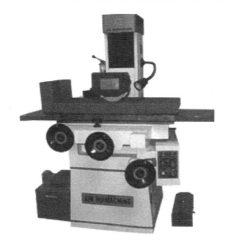

图 3-1　平面磨床

通过液压缸的学习，我们已经知道，要使液压缸往复速度一致，最简单的方法就是采用双作用双出杆液压缸来驱动该平面磨床的工作台，这时只要使液压油进入对应液压缸的不同工作腔，就能使液压缸带动工作台完成往复运动。这里就要提到液压换向阀及其换向回路。

想一想

1. 换向阀是如何驱动执行元件实现换向的呢？
2. 换向阀的"位"、"通"表示什么意思？如果需要磨床工作台来回运动，并且可以在某些位置锁定，我们该如何选用换向阀？
3. 试设计平面磨床的工作台运动液压控制回路，试连接换向回路。

知识准备

方向控制阀是用以控制和改变液压系统液流方向的阀。方向控制阀的基本工作原理是利用阀芯与阀体间相对位置的改变，实现油路间的通、断，改变液流方向的。方向控制阀分为单向阀和换向阀两类。

换向阀是利用阀芯对阀体的相对运动，使油路接通、切断或变换油液的流动方向，从而实现液压执行元件及其驱动机构的启动、停止或变换运动方向。如图 3-2 所示为两种液压换向阀。

图 3-2　换向阀实物图

一、换向阀

1. 典型换向阀的结构及工作原理

（1）转阀式换向阀（转阀）

转阀式换向阀是指阀芯在阀体内做往复转动，从而使相应的油路连通或断开的换向阀。现以如图 3-3 所示的二位四通换向阀为例来说明转阀式换向阀的工作原理。转阀阀芯 1 是一个具有多个凹槽的圆柱体，凸起与阀体 2 内孔相配合。阀体 2 上加工有若干个油口，与外部相通，当阀芯转到合适位置时，阀芯将不同的油口接通或断开。如图 3-3 所示，阀有 4 个油口，其中 P 口为进油口，T 口为回油口，A 口和 B 口分别接执行元件的两腔。阀芯在图 3-2（a）中所示位置时，P 口与 B 口连通，A 口与 T 口连通，此时由 P 口进油，B 口出油到液压缸；回油路 A 口为进油口，T 口为回油口。当我们将阀芯转动 90° 时，P 口与 A 口连通，B 口与 T 口连通，液压油由 P 口进油，A 口出油口；回油路 B 口进油，T 口回油至油箱。

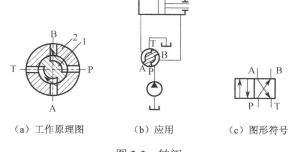

(a) 工作原理图　　(b) 应用　　(c) 图形符号

图 3-3　转阀

（2）滑阀式换向阀

滑阀式换向阀在液压系统中远比转阀式用得广泛，所以本章主要以滑阀式换向阀为主介绍换向阀的各项工作性能。

滑阀式换向阀是指阀芯（滑阀）在阀体内做往复滑动，从而使相应的油路连通或断开的换向阀。如图 3-4 所示，滑阀是一个具有多个环形槽的圆柱体，其直径大的部分称为凸肩，凸肩与阀体内孔相配合。阀体内孔中加工有若干个沉割槽，每个沉割槽都通过相应的孔与外部相通，其中 P 口为进油口，T 口为回油口，A 口和 B 口分别接执行元件的两腔。当阀芯处于图 3-4（b）所示的工作位置时，四个油口互不通，液压缸两腔均不通压力油，处于停止位置状态。若使阀芯右移，如图 3-4（c）所示，P 口和 A 口相通，B 口和 T 口相通，压力油经 P、A 油口进入液压缸左腔，液压缸右腔的油液经 B、T 油口回油箱，活塞向右运动。反之，若使阀芯左移，如图 3-4（a）所示，P 口和 B 口相通，A 口和 T 口相通，活塞向左运动。其图形符号如图 3-4（d）所示。

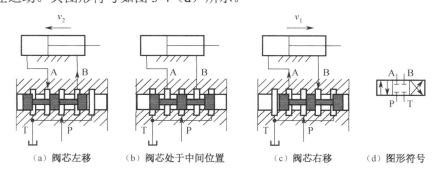

(a) 阀芯左移　　(b) 阀芯处于中间位置　　(c) 阀芯右移　　(d) 图形符号

图 3-4　滑阀式换向阀的工作原理图

2. 换向阀的分类

换向阀的种类很多，其分类见表 3-2。

表 3-2　换向阀的分类

分 类 方 法	类 型
按阀芯结构及运动方法	滑阀、转阀、锥阀等
按阀的工作位置数和油口数	二位二通、二位三通、二位四通、二位五通、三位四通、三位五通等
按阀的操纵方式	手动、机动、电磁、液动、电液动等
按阀芯的定位方式	钢球定位、弹簧复位等
按阀的安装方式	管式、板式、法兰式等

3. 换向阀的操纵方式

一个换向阀的完整图形符号应能表明其工作位置数、油口数和在各工作位置上油口的连通关系、控制方式、复位方式和定位方式等内容。常用换向阀操纵方式及图形符号见表3-3。

表3-3　换向阀操纵方式及图形符号

操　纵　方　式	图　形　符　号	简　要　说　明
手动	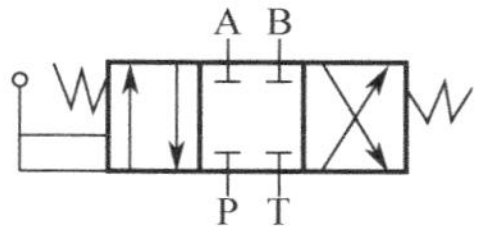	手动操纵，弹簧复位，中间位置时阀口互不相通
机动	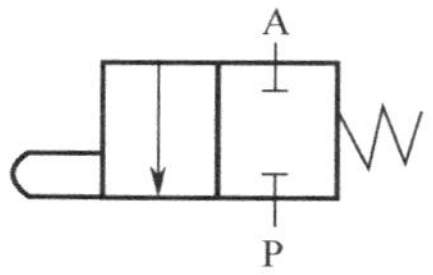	挡块操纵，弹簧复位，通口常闭
电磁动	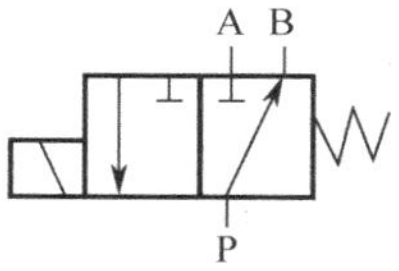	电磁铁操纵，弹簧复位
液动	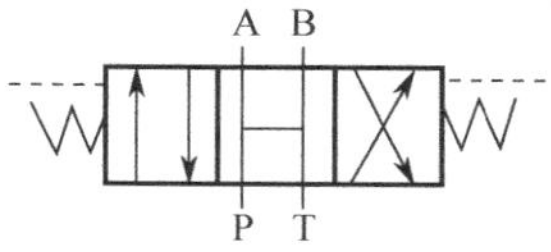	液压操纵，弹簧复位，中间位置时四口互通
电液动	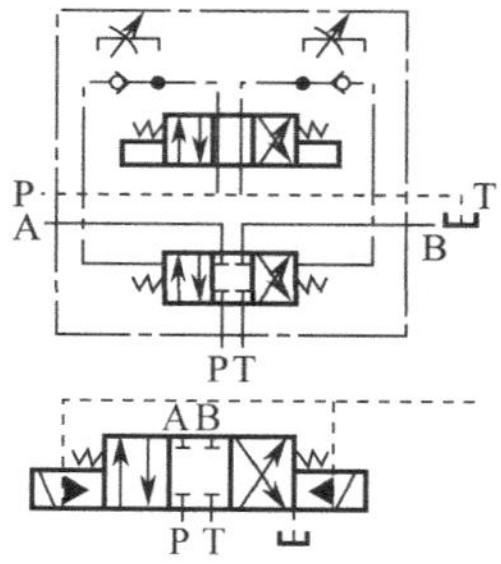	电磁铁先导控制，液压驱动，阀芯移动速度可分别由两端的节流阀调节，使系统中执行元件能实现平稳的换向

4. 常见换向阀的图形符号

表3-4中列出了几种常见的滑阀式换向阀的结构原理及与之相对应的图形符号、应用场合。

表3-4　换向阀的结构原理、图形符号及应用场合

名　　称	结构原理图	图　形　符　号	应　用　场　合
二位二通阀	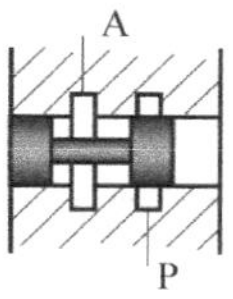	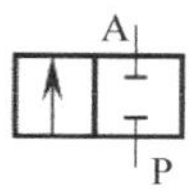	控制油路的接通与断开（相当于一个开关）

名　称	结构原理图	图形符号	应用场合
二位三通阀			控制液流方向（从一个方向变换成另一个方向）
二位四通阀			不能使执行元件在任一位置上停止运动，且执行元件正反向运动时回油方式相同
二位五通阀			能使执行元件在任一位置上停止运动，且执行元件正反向运动时可以得到不同的回油方式
三位四通阀			控制执行元件换向 ／ 能使执行元件在任一位置上停止运动，且执行元件正反向运动时回油方式相同
三位五通阀			能使执行元件在任一位置上停止运动，且执行元件正反向运动时可以得到不同的回油方式

注：① 方框数即"位"数，表示阀的工作位置数。

② 箭头表示两油口相通，但并不表示流向，"⊥"表示此油路不通流。

③ 在一个方框内，箭头或"⊥"符号与方框的交点数为油口的通路数，即"通"数，也就是换向阀与系统相连的主油口接口数。

④ 一般 P 表示压力油的进口，T 表示通油箱的回油口，A 与 B 表示连接其他工作油路的油口。

⑤ 阀芯移动的控制方式和复位弹簧的符号应画在方框的两端。

⑥ 三位阀的中间方框（中位）及二位阀侧面有弹簧的那个方框为常态位。在液压原理图中，换向阀的符号与油路连接一般应在常态位上。

—— 【互动环节——问与答】 ——

对于三位四通换向阀，其阀芯处于常态时（即中间状态），其油口间有几种不同的连接方式，那么不同的连接方式对液压系统会有什么影响？

5. 换向阀的中位机能

把三位换向阀阀芯处于中间位置时各油口的连通方式称为中位机能或者滑阀机能。

常用三位四通换向阀的中位机能，如表 3-5 所列。由于左右两框表示两个换向位，其左位均为直通，右位各油口交叉相通，而中间方框表示其常态位置（连接状况），因此只需一个字母表示中位的形式。

表 3-5 三位四通换向阀的中位机能

机能形式	图形符号	中位油口连通状况、特点及应用
O		四油口互补相通，液压缸闭锁，液压泵不卸荷，可用于多个换向阀并联工作
H		四油口全连通，液压缸呈浮动状态，液压泵卸荷
X		四油口处于半开启状态，液压泵基本上卸荷，但仍保持一定压力
Y		油口 A、B 通回油口 T，油口 P 封闭，液压缸呈浮动状态，液压泵不卸荷
K		P、A、T 口相通，B 口封闭；活塞处于闭锁状态，液压泵卸荷
P		压力油口 P 与 A、B 油口连通，T 口封闭，可组成液压缸差动回路
J		P 口与 A 口封闭，B 口与 T 口相通；活塞停止，但在外力作用下可向 B 口方向移动，液压泵不卸荷
C		P 口与 A 口相通，B 口与 T 口相通
U		P 口和 T 口封闭，A 口与 B 口相通；活塞浮动，在外力作用下可移动，液压泵不卸荷
M		油口 A、B 封闭，油口 P 与 T 连通，液压缸闭锁，液压泵卸荷

不同的中位机能，可以满足液压系统的不同要求，在设计液压回路时应根据不同的中位机能所具有的特性来选择换向阀，其原则如下。

（1）当系统有卸荷要求时：应选用中位时油口 P 与 T 相互连通的形式，如 H、K、M 型。

（2）当系统有保压要求时：应选用中位时油口 P 封闭的形式，如 O、Y 型等。

（3）当对执行元件换向精度要求较高时：应选用中位时油口 A 与 B 封闭的形式，如 O、M 型。

（4）当对执行元件换向平稳性要求较高时：应选用中位时油口 A、B 与 T 相互连通的形式，如 H、Y、X 型。

（5）当对执行元件启动平稳性要求较高时：应选用中位时油口 A 与 B 均不与 T 连通的形式，如 O、C、P 型。

二、方向控制回路

方向控制回路是通过控制进入执行元件液流的通、断或变向，从而实现液压系统执行元件的启动、停止或改变运动方向的一种基本回路。方向控制回路的核心元件是方向控制阀。常用的方向控制回路有换向回路和锁紧回路。

1. 换向回路

换向回路的作用主要是变换执行机构的运动方向。对执行机构的换向，基本要求是要具有良好的换向性能（平稳性和灵敏性）和必要的换向精度。

图 3-5 所示回路是采用一个二位四通电磁换向阀控制的回路，其中液压缸固定。如图 3-5（c）所示，当左边电磁铁通电时，滑阀向左移动，左位油路接通，推动活塞向右移动；当电磁铁断电时，如图 3-5（b）所示，在右侧弹簧的作用下，阀芯复位，右位油路接通，油缸左移。

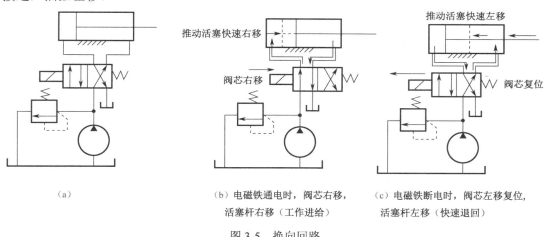

| (a) | (b) 电磁铁通电时，阀芯右移，活塞杆右移（工作进给） | (c) 电磁铁断电时，阀芯左移复位，活塞杆左移（快速退回） |

图 3-5　换向回路

2. 锁紧回路

锁紧回路的作用主要是控制执行元件做往复直线运动，并且可以控制执行元件准确地停留在任意工作位置，同时可防止执行元件发生窜动。

在回路中，可利用 O 型或 M 型三位四通换向阀实现闭锁功能，如图 3-6 所示，换向阀处于中位时，与液压缸相连接的油口封闭，液压缸无法进油，也无法出油，从而实现闭锁回路。

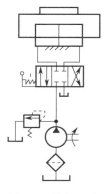

图 3-6　锁紧回路

任务实施

工作任务 ••••

1. 试述换向阀是如何驱动执行元件实现换向的呢？

2. 换向阀的"位"、"通"表示什么意思？如需要磨床工作台来回运动，并且可以在某些位置锁定，我们该如何选用换向阀？

3. 试设计平面磨床的工作台运动液压控制回路，试连接换向回路。

【任务解析一】换向阀利用阀芯对阀体的相对运动，使油路接通、切断或变换油液的流动方向，从而实现液压执行元件及其驱动机构的启动、停止或变换运动方向，如图3-3所示。

【任务解析二】换向阀的选用

换向阀的"位"表示阀芯的工作位置，而"通"表示油口数。如二位二通就是指换向阀有两个油口，阀芯有两个工作位置；三位四通就是指换向阀有四个油口，阀芯有三个工作位置。

换向阀的选用，要根据换向阀的工作情况确定，如磨床工作台来回运动，需要相应液压缸的两个工作腔分别进油、出油，则换向阀至少要四个油口，两个工作位置（即两种接通状况）；令液压缸在某些位置锁定，则需要与液压缸连接的两油口闭锁，能实现闭锁，则是另一种连接状况，所以可以选用三位四通O型或M型换向阀。

【任务解析三】平面磨床的工作台运动液压控制回路设计及连接。

步骤一： 前面，我们分析了平面磨床的工作台在工作中是由液压传动系统带动进行往复运动的，工作台在工作行程中要求往复运动的速度一致，同时要求在任意位置都能锁定。

（1）要实现往复运动，则需要执行元件选择双作用液压缸。

（2）要实现工作台往复速度一致，则选择双杆活塞液压缸。

（3）要想液压缸定位准确，在任意位置都能锁定，则可采用O型或M型三位四通换向阀实现闭锁功能。

步骤二： 连接核心元件，画出其他元件，补齐回路。

补齐其他元件，完成回路，如图3-7所示。

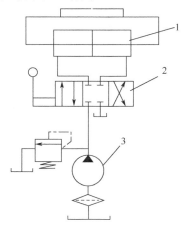

1—双作用双活塞杆液压缸；2—手动三位四通O型换向阀；3—液压泵

图3-7　平面磨床工作台液压控制回路

如图 3-7 所示，若活塞杆固定，当阀左位接入回路，液压油进入液压缸左腔，使得工作台右移；如阀右位接入系统，液压油进入液压缸右腔，使工作台左移；而阀中位接入系统，液压缸左、右腔均没有液压油流入，且左、右腔不相通，工作台停止运动。

步骤三：根据表 3-6 提示，连接换向回路。

表 3-6　换向回路连接

序　　号	图　　示	步　　骤
1	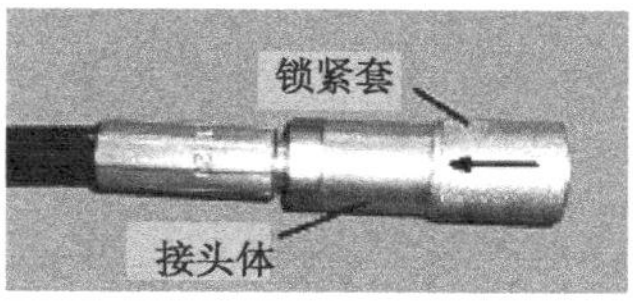 锁紧套 接头体 油管接头	连接有关接头时，需要将锁紧套和接头体连接紧密。锁紧套可以沿接头体按箭头所示方向运动
2	 1　2 4　3 阀接头	将油管与阀接头连接。图中 1～4 标注的都是阀接头，它们可以与油管接头相配合
3	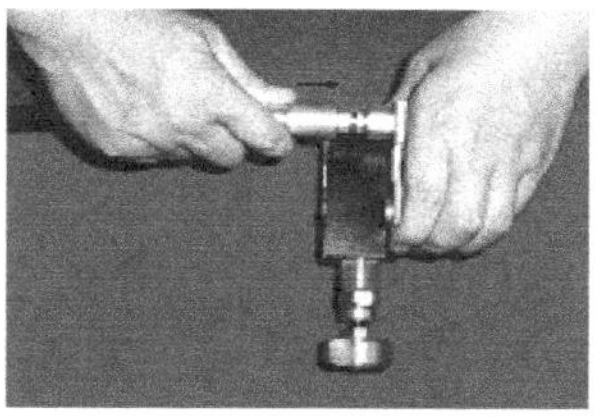 连接油管接头与阀体	两手分别握住油管接头与阀体，将油管上的接头对准阀体上的接头，按图示箭头方向用力插入即可将两者相连
4	 在安装板上连接	也可以先将阀体装在安装板上，然后再将油管接头与阀体相连
5	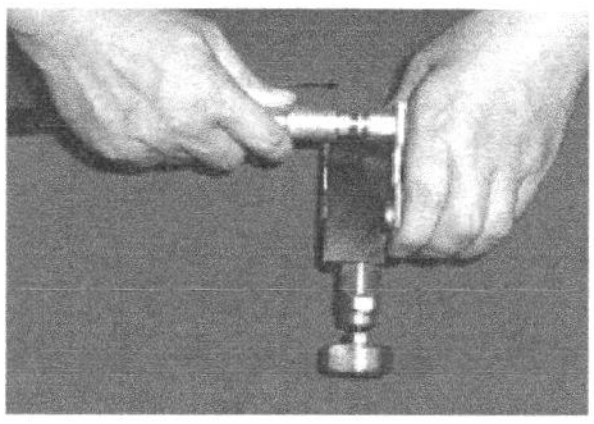	连接好油管接头与阀体之后，应仔细检查是否连接可靠

续表

序 号	图 示	步 骤
6	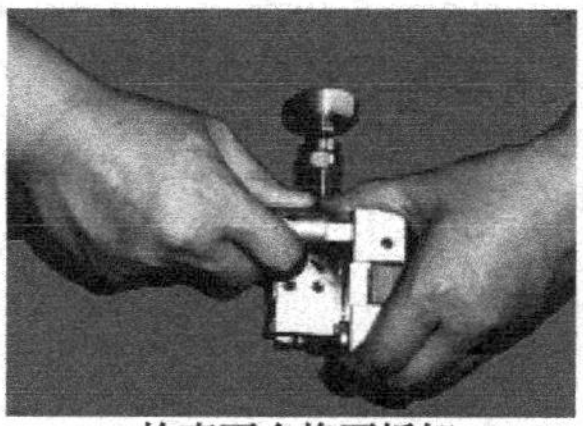 检查不合格要拆卸	若连接不合格需要拆开时，用手抓住油管和阀体，然后用拇指和食指捏住锁紧套，然后向左拉动锁紧套，油管接头即可自行脱落
7	 在安装板上拆卸	如果阀体是装在安装板上的，用单手即可将连接断开。拆的时候，用拇指和食指捏住锁紧套，其余手指一定要握住油管接头的其余部位，严禁死拉硬拽
8	 在安装板上排列元器件	安装液压回路时，首先要根据回路要求，选出所需使用的液压元件，然后将各元件依次按照执行元件→主控阀→辅助控制阀→溢流阀的顺序，按从上至下的原则有序地卡在安装板上
9	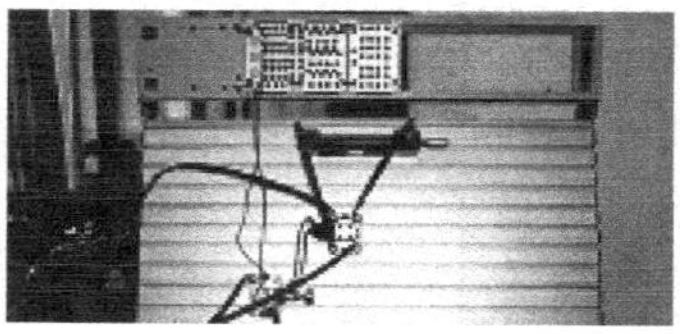	安装完毕后应仔细检查回路连接是否正确，特别是各阀口的进出油口与油管及液压缸的连接是否正确。只有经检查正确无误后才可开启液压泵向系统供油

任务评价

通过以上学习，根据任务实施过程，将完成任务情况记录在表 3-7 中，完成任务评价。

表 3-7　平面磨床工作台的液压换向控制回路设计任务评价表

序号	评价内容		要求	自评	互评
1	了解换向阀的工作原理	能理解并说明换向阀的工作原理	正确，表达灵活		
2	掌握各种换向阀及合理选用	掌握换向阀的分类及使用范围，并能够粗略选择	完整，清楚		
3	掌握换向回路的连接方法	掌握换向阀的使用注意事项	连接正确、熟悉，回路能够实现正确动作		

任务2　吊装机的锁紧回路设计

任务目标

- 了解单向阀的各种结构，掌握其工作原理及图形符号。
- 会根据工作情景合理选用单向阀，设计简单回路。

任务呈现

液压锁紧回路在我们的生活、生产中应用广泛。如图3-8所示为液压吊车、液压升降台。

液压吊车在安装大型机械的过程中，对机器的吊装定位时，要求吊车在停止运动时不受外界影响而发生漂移或者窜动，而液压吊车的上下运动靠液压缸的活塞杆驱动，这就要求液压缸活塞杆能可靠地停留在行程的任意位置上。

（a）液压吊车

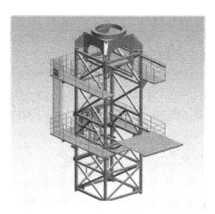

（b）液压升降台

图 3-8　液压锁紧机构

想一想

液压吊车锁紧机构的液压控制回路能否直接套用液压磨床的锁紧回路呢？

在平面磨床液压传动系统中，液压缸的停止是靠滑阀的中位机能实现的，而滑阀式换向阀为了保证阀芯和阀体间能顺利滑动，它们之间总是存在着间隙，这就造成了换向阀内部的泄漏。平面磨床的工作方向是水平方向，在停止状态没有外力施加给液压缸，因此，换向阀内部的泄漏对工作台稳定性几乎没有影响；而液压吊车在工作过程中，液压缸活塞杆长时间受到较大重力的影响，此时，要保持位置不变，仅依靠换向阀的中位机能是不能保证的，这时就要利用单向阀组成锁紧控制回路来控制液压油的流动，从而保证液压缸的自锁，防止液压缸在重力作用下下滑。

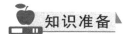 **知识准备**

一、单向阀的作用

单向阀的作用是使油液只能沿一个方向流动。单向阀可用于液压泵的出口，防止系统油液倒流；可用于隔开油路之间的连接，防止油路相互干扰，也可用作旁通阀，与其他类型的液压阀并联构成组合阀。

二、单向阀的分类

常见的单向阀有普通单向阀和液控单向阀两种。

1．普通单向阀

（1）普通单向阀的结构

图3-9（a）所示为单向阀的实物图，而单向阀内部由阀体、阀芯和弹簧等零件构成，如图3-9（b）所示。当压力油从进油口A流入时，克服弹簧力使阀芯右移，阀口开启，油液经阀口、阀芯上的径向孔和轴向孔，从出油口B流出。若油液从B流口入时，在油压和弹簧作用下，将阀芯锥面紧压在阀座上，阀口关闭，使油液不能通过。如图3-9（c）所示为普通单向阀的图形符号。

单向阀中的弹簧只起阀芯复位作用，弹簧刚度应较小，以免液流通过时产生过大的压力损失。一般单向阀的开启压力为0.03～0.05MPa。当通过额定流量时的压力损失不超过0.3MPa，若用作背压阀时可更换较硬弹簧，使其开启压力达到0.2～0.6MPa。

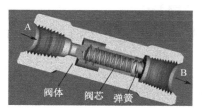

| （a）实物图 | （b）结构图 | （c）图形符号 |

图3-9　单向阀结构原理图及图形符号

（2）普通单向阀的种类

如图3-10所示，单向阀按进、出油流动方向可分为直角式和直通式两种。直角式单向阀进、出口相对于阀芯来说是直角布置的，如图3-10（a）所示；直通式单向阀进、出口在同一轴线上，如图3-10（b）、（c）所示。

直通式单向阀为管式连接，如图3-10（b）所示，此类阀的油口可通过管接头和油管相连，阀体的重量靠管路支承，因此阀的体积不能太大且不宜过重。

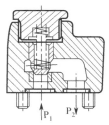
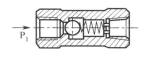
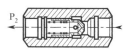

（a）直角式（板式连接）　　（b）球芯直通式（管式连接）　　（c）锥芯直通式（管式连接）

图 3-10　单向阀剖面结构图

（3）单向阀的应用（表 3-8）

表 3-8　单向阀的应用

应用	单向控制	高低压隔离	组合阀	背压阀
安装位置	安装在液压泵的出口	高低压油路之间背离低压回路	与其他阀并联构成组合阀	在回油路上
图例			单向节流阀	
回路分析	使液压只能朝一个方向流动，防止系统的压力冲击影响泵的正常工作，并在泵不工作时，防止系统油液倒流	安装在高低压油路之间，背离低压油路，用于分隔油路，防止高低压干扰	与其他阀并联构成组合阀，如单向减压阀、单向顺序阀、单向节流阀等，实现综合的功能	当系统压力比设定压力小时，膜片在弹簧弹力的作用下堵塞管路；当系统压力比设定压力大时，膜片压缩弹簧，管路接通，液体通过背压阀

2．液控单向阀

在液压系统中，除了普通单向阀外，还有一种很常用的液控单向阀，如图 3-11 所示。液控单向阀在油液正向流动时与普通单向阀相同。它与普通单向阀的区别在于：给液控单向阀的控制油路通入一定压力的油液时，可使油液实现反向流动。

（a）管式　　　　　　　　（b）板式　　　　　　　　（c）叠加式

图 3-11　液控单向阀实物图

（1）工作原理和图形符号

液控单向阀的工作原理如图 3-12 所示。当控制油口无压力油（$P_k=0$）通入时，它和普通单向阀一样，压力油只能从 A 腔流向 B 腔，不能反向倒流，如图 3-12（a）所示。若从控制油口 K 通入控制油时，即可推动控制活塞，将锥阀芯顶开，则可以实现油液由 B 腔到 A 腔的反向流通，如图 3-12（b）所示。控制油压力约为其主油路压力的 30%～50%。如图 3-12（c）所示为液控单向阀的图形符号。

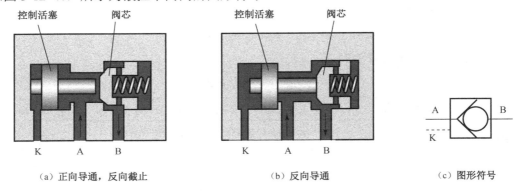

（a）正向导通，反向截止　　　　　（b）反向导通　　　　　（c）图形符号

图 3-12　液控单向阀工作原理及图形符号

（2）液控单向阀的应用

① 保持压力。

由于滑阀式换向阀都有间隙泄漏，所以当与液压缸相通的 A、B 油口封闭时，液压缸只能短时间保压，在油路上串入液控单向阀，利用其阀座结构关闭时的严密性，可以实现长时间的保压，如图 3-13（a）所示。

② 支撑液压缸。

当液压单向阀接于液压缸下腔的油路时，使下腔的油液堵塞，可防止立式液压缸的活塞和滑块等活动部分因滑阀泄漏而下滑，如图 3-13（b）所示。

③ 锁紧液压缸。

如图 3-13（c）所示的回路中，当换向阀处于中位时，两个液控单向阀的控制口通过换向阀与油箱相通，液控单向阀迅速关闭，严密封闭液压缸两腔的油液，液压缸活塞不会因外力而产生移动，从而实现比较精确的定位。这种让液压缸能在任何位置停止，并且不会因外力而发生位置移动的回路称为锁紧回路。当两个液控单向阀共用一个阀体和控制活塞时，称为液压锁。

④ 大流量排油。

如果液压缸两腔的有效工作面积相差较大，当活塞返回时，液压缸无杆腔的排油流量会骤然增大。此时回油路可能会产生较强的节流作用，限制活塞的运动速度。如图 3-13（d）所示，在液压缸回路上加设液控单向阀，在液压缸活塞返回时，控制压力将液控单向阀打开，使液压缸左腔油液通过单向阀直接排回油箱，实现大流量排油。

⑤ 用作充油阀。

立式液压缸的活塞在负载和自重的作用下高速下降，液压泵供油量可能来不及补充液压缸上腔形成的容积。这样就会使上腔产生负压，形成空穴。在如图 3-13（e）所示的回路中，在液压缸上腔加设一个液控单向阀，就可以利用活塞快速运动时产生的负压将油箱中的油液吸入液压缸无杆腔，保证其充满油液，实现补油的功能。

⑥ 形成组合阀。

如图 3-13（f）所示，当控制油口 b 通油时，T 接入；当控制油口 a 通油时，P 接入；当两个油口都不通油时，堵塞，故两个单向阀形成了一个三位三通换向阀。

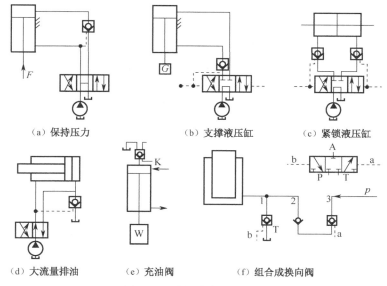

| (a) 保持压力 | (b) 支撑液压缸 | (c) 紧锁液压缸 |

| (d) 大流量排油 | (e) 充油阀 | (f) 组合成换向阀 |

图 3-13 液控单向阀的应用

任务实施

工作任务 ● ● ● ● ●

液压吊车锁紧机构的液压控制回路能否直接套用液压磨床的锁紧回路呢？

当液压吊车在安装模具或者安装机器之时，需要模具、机器的位置定位准确，液压系统对执行机构的往复运动过程中停止位置要求较高，其本质就是对执行机构进行锁紧，使之不动，需要锁紧回路。

1. 利用三位换向阀的中位机能实现自锁

在回路中，可利用 O 型或 M 型三位四通换向阀实现闭锁功能，如图 3-14 所示，换向阀处于中位时，与液压缸相连接的油口封闭，液压缸无法进油，也无法出油，从而实现闭锁回路。

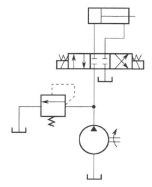

图 3-14 利用三位换向阀的中位机能实现闭锁

2．机械制动器锁紧回路

在回路中，如图 3-14 所示，可利用 O 型或 M 型三位四通换向阀实现闭锁功能，但是由于滑阀的泄漏，活塞不能长时间保持固定位置不动，锁紧精度不高。对此，可采用机械制动器来锁紧回路，如图 3-15 所示。

3．采用液控单向阀和三位换向阀配合实现闭锁

除了上述两种回路，也可用液控单向阀和三位换向阀配合实现闭锁，如图 3-16 所示。当换向阀处于左位时，压力油经阀 1 进入液压缸左腔，同时压力油也进入阀 2 的控制油口 K，打开阀 2，使液压缸右腔的回油可经阀 2 及换向阀流回油箱，活塞向右运动。反之，活塞向左运动。当换向阀处于中位时，由于控制腔无压力，阀 1 及阀 2 均关闭，将活塞双向锁紧。在这个回路中，由于液控单向阀的阀座一般为锥阀式结构，所以密封性好，泄漏极少，锁紧的精度高（主要取决于液压缸的泄漏）。这种回路被广泛用于工程机械、起重运输机械等有锁紧要求的场合。

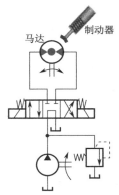
图 3-15　机械制动器锁紧回路

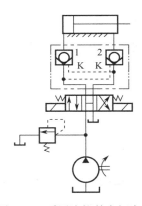
图 3-16　采用液控单向阀实现闭锁

💭 思考

1．比较以上三种液压锁紧回路，说说各自的优缺点。

2．在图 3-16 中，如果把 H 型中位机能换向阀改成 M 型或 O 型，会怎么样呢？

📋 任务评价

通过以上学习，根据任务实施过程，将完成任务情况记录在表 3-9 中，完成任务评价。

表 3-9　吊装机的锁紧回路设计任务评价表

序号	评价内容	要求	自评	互评
1	了解单向阀的各种结构、掌握其工作原理及图形符号	能理解并说明单向阀的工作原理		
2	根据工作情景合理选用单向阀，设计简单回路	能够粗略选择单向阀，并将其连接到完整回路中		

🔧 项目总结

1．根据用途和工作特点，控制阀一般可分方向控制阀、压力控制阀和流量控制阀

三大类。

2．方向控制阀是用以控制和改变液压系统液流方向的阀。方向阀可分为单向阀和换向阀两类。

（1）单向阀有普通单向阀和液控单向阀两种。

普通单向阀——只允许液流单方向流动，而反向截止。

液控单向阀——在控制油口不通时做普通单向阀，而在控制油口连通时可反向导通。

（2）换向阀是利用阀芯对阀体的相对运动，使油路接通、切断或变换油液的流动方向，从而实现液压执行元件及其驱动机构的启动、停止或变换运动方向。根据阀的操纵方式不同可分为手动、机动、电磁动、液动、电液动换向阀。

（3）三位换向阀阀芯处于中间位置时各油口的连通方式称为中位机能。常用的中位机能有 O、H、Y、P、M 五种形式。不同的中位机能，可以满足液压系统的不同要求，如能锁紧液压缸的有 O 型和 M 型；能使液压泵卸荷的有 H 型和 M 型；能组成差动回路的是 P 型。

课后练习

一、填空题

1．液压控制阀按用途不同，可分为＿＿＿＿＿、＿＿＿＿＿和＿＿＿＿＿三大类。

2．方向控制回路是通过控制进入执行元件液流的＿＿＿＿、＿＿＿＿或变向，从而实现液压系统执行元件的＿＿＿＿、＿＿＿＿或改变运动方向的一种基本回路。常用的方向控制回路有＿＿＿＿回路和＿＿＿＿回路。

3．单向阀的作用是只允许液流＿＿＿＿流动，而反向＿＿＿＿。

4．换向阀利用＿＿＿＿对＿＿＿＿的相对运动，使油路接通、切断或变换油液的流动方向。

5．按阀的操纵方式不同，换向阀可分为＿＿＿＿、＿＿＿＿、＿＿＿＿、液动及电液动换向阀等。

6．三位换向阀阀芯处于＿＿＿＿位置时各油口的连通方式称为中位机能。常用的中位机能有 P、M、O、＿＿＿＿、＿＿＿＿等五种形式；其中＿＿＿＿型机能可实现单杆活塞缸的差动连接；＿＿＿＿型和＿＿＿＿型机能可实现液压泵卸荷。

7．换向阀的图形符号中有几个方格就代表有＿＿＿＿；"通"是指换向阀与系统相连的＿＿＿＿。

8．电液换向阀是由＿＿＿＿换向阀和＿＿＿＿换向阀组成的复合阀。前者用以改变＿＿＿＿油路的方向；后者用以改变＿＿＿＿油路的方向。

二、判断题

1．单向阀不需任何改装就可以直接当作背压阀使用。　　　　　　　（　　）

2．液控单向阀可以实现双向通油。　　　　　　　　　　　　　　　（　　）

3．背压阀的作用是使液压缸回油腔中具有一定的压力，保证运动部件工作平稳。
　　　　　　　　　　　　　　　　　　　　　　　　　　　　　　（　　）

4．换向阀的工作位置数称为"通"。　　　　　　　　　　　　　　　（　　）

5．采用液控单向阀的锁紧回路，一般锁紧精度较高。 （　　）

6．三位五通换向阀有三个工作位置，五个通路。 （　　）

三、选择题

1．（　　）属于方向控制阀。

　　A．换向阀　　　　　B．溢流阀　　　　　C．顺序阀

2．将单向阀安装于液压泵出口处是为了（　　）。

　　A．保护液压泵　　B．起背压作用　　　C．选择液流方向

3．三位四通电磁换向阀，当电磁铁断电时，阀芯处于（　　）位置。

　　A．左端　　　　　B．右端　　　　　　C．中间

4．三位四通换向阀处于中间位置时，能使双作用单活塞杆液压缸实现差动连接的中位机能是（　　）。

　　A．H型　　　　　　B．Y型　　　　　　C．P型

5．三位四通换向阀处于中间位置时，能使液压泵卸荷的中位机能是（　　）。

　　A．O型　　　　　　B．M型　　　　　　C．Y型

6．一个水平放置的双伸出杆液压缸，采用三位四通电磁换向阀，要求阀处于中位时，液压泵卸荷，且液压缸浮动，其中位机能应选用（　　）；要求阀处于中位时，液压泵卸荷，且液压缸闭锁不动，其中位机能应选用（　　）。

　　A．O型　　　　　　B．M型　　　　　C．Y型　　　　　　D．H型

7．图3-17（a）所示为普通单向阀的图形符号，压力油是从油口 P_1（　　）。

　　A．流入　　　　　B．流出　　　　　C．流入或流出

8．如图3-17（b）所示为（　　）换向阀的图形符号。

　　A．二位四通手动　　B．二位三通电磁　　C．二位二通机动

（a）　　　　　　　（b）

图3-17

9．在液压系统原理图中，与三位换向阀连接的油路一般应画在换向阀符号的（　　）位置上。

　　A．左方框　　　　　B．右方框　　　　　C．中方框

10．大流量系统的主油路换向，应选用（　　）。

　　A．手动换向阀　　B．电磁换向阀　　　C．电液换向阀

四、简答题

1．液压控制阀有哪些共同点？应具备哪些基本要求？

2．选择三位换向阀的中位机能时应考虑哪些问题？

3．什么是换向阀的"位"与"通"？各油口在阀体什么位置？

4．选择三位换向阀的中位机能时应考虑哪些问题？

5．液压换向阀主要有哪些操纵方式？请画出它们的职能符号。

6．能否用两个二位三通换向阀替代一个二位四通换向阀使用？绘制图形予以说明。

项目 **4** 压力控制阀及压力控制回路

📝 项目描述

在各种液压设备中，常见这样一些现象：设备工作中出现负载大，压力超载，损伤机构，需要进行限压；大型液压设备通常有多个液压执行元件，每个元件的工作压力各不相同，需要进行调压等，对压力合理、有效的控制是设备安全正常生产必不可少的保证。而本项目主要介绍在液压系统中如何保压、稳压、减压、调压。

任务 1 压锻机的压力控制回路设计

🖋 任务目标

- 掌握溢流阀、减压阀的结构及工作原理。
- 了解溢流阀、减压阀在回路中的正确应用。
- 熟悉简单的压力控制回路。

✏ 任务呈现

通过前面的学习我们知道，液压系统中的压力取决于负载的大小。

现象一：如图 4-1 所示压力机在工作时，若负载过大，则压力过大，超出机构承受范围，损坏设备零部件；若压力过大也会使零件出现裂纹、变形、滑移等现象，所以我们应该保证压力不超过某些特定值。那么该用什么元件来保证呢？该元件该如何选择，如何安装？

现象二：在数控机床上常利用液压系统的压力来对工件进行夹紧。液压夹紧装置要保持持续、稳定的夹紧力，直到工件加工完毕，主轴和刀具退回初始位置。

液压夹紧装置的油路属于液压系统的分支，其油压低于液压系统主油路。这需要利用具有减压功能的控制元件来实现。而且，一旦分支油路的压力超过夹紧装置所需压力时，液压夹紧装置的液压回路应该可以通过某个特定控制元件将超出的压力卸下来，恢复稳定的压力。液压夹紧装置及其油路如图 4-2 所示。

图 4-1 压力机

图 4-2 液压夹紧装置及其油路

想一想

1. 在液压系统中，可以用什么元器件来保证系统在一定压力下工作？

2. 试设计汽车自动变速箱中的液压控制回路，实现各支路的压力值高低不同，并且安全稳定地工作。

知识准备

压力控制阀简称压力阀，用来控制液压系统的压力，或利用压力作为信号控制其他元件的动作。这类阀的共同特点是**利用作用在阀芯上的液压力和弹簧力相平衡的原理来进行工作的**。压力控制阀按其用途不同，分为溢流阀、减压阀、顺序阀和压力继电器等。压力阀一般包括阀芯、阀体和弹簧三个基本件。在此我们先学习溢流阀。

一、溢流阀

1. 溢流阀的工作原理

常态下溢流阀的阀口常闭，如图 4-3 所示，出油口接油箱，当系统压力低于溢流阀的调定压力时，溢流阀不工作。当外负载增大，系统压力升高到溢流阀的调定压力时，溢流阀打开，一部分液压油回流到油箱，系统压力不再升高，将始终稳定在溢流阀的调定压力值上。

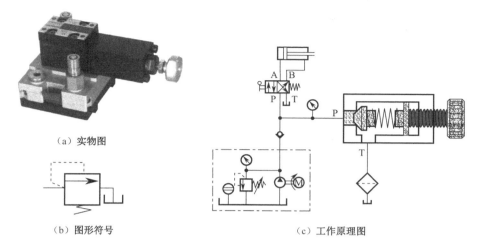

（a）实物图

（b）图形符号

（c）工作原理图

图 4-3　溢流阀

2．溢流阀的类型

在液压系统中，常用的溢流阀有直动式和先导式两种，如图 4-4 所示，直动式溢流阀用于低压系统，先导式溢流阀用于中、高压系统。

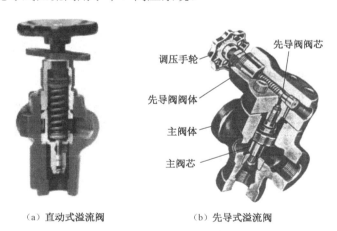

（a）直动式溢流阀　　　　（b）先导式溢流阀

图 4-4　溢流阀实物剖视图

（1）直动式溢流阀

如图 4-5 所示，设阀芯 1 左端工作面积为 A，阀芯右端所受弹簧力为 $F_簧$。当进油口压力 p 不高时，$pA < F_簧$，受力如图 4-5（c）所示，阀芯受调压弹簧 2 作用将阀口堵住，如图 4-5（a）所示；当进油口压力超过溢流阀的调定压力时（$pA > F_簧$），液压力将阀芯向右推，部分油液从 P 口经 T 口流回油箱，如图 4-5（b）所示，从而限制系统压力继续升高，使压力保持在 $p = F_簧 / A$ 的恒定数值。调节弹簧力，即可调节系统压力的大小。如图 4-5（d）所示为其图形符号。图 4-5（a）中 3 为调节螺钉，可通过调节弹簧压缩量调节溢流压力。

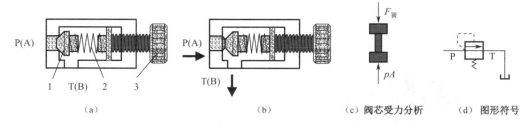

（a） （b） （c）阀芯受力分析 （d）图形符号

图 4-5 直动式溢流阀

直动式溢流阀的特点是结构简单，反应灵敏。缺点是工作时易产生振动和噪声，而且压力波动较大。直动式溢流阀主要用于低压或小流量场合。

（2）先导式溢流阀

先导式溢流阀由先导阀和主阀组合而成，由先导阀调压、主阀溢流。如图 4-6 所示，油液从进油口 P 进入，经主阀芯上的阻尼小孔 e 作用于先导阀阀芯上。当进油压力低于先导阀弹簧的调定压力时，先导阀关闭，阀内无油液流动，主阀芯上、下腔油压相等，其受力如图 4-6（c）所示，因而它被主阀弹簧压在阀座上，主阀关闭，阀不溢流。

当进油口 P 的压力升高时，主阀芯上腔的油压也升高，直到达到先导阀弹簧的调定压力时，先导阀被打开，主阀芯上腔油液经先导阀阀口及阀体上的孔道 a，经回油口 T 流回油箱。由于阻尼作用使主阀芯两端产生压力差，当此压力差对主阀芯的作用力大于主阀弹簧的作用力时，主阀芯上移，阀口打开，P 与 T 连通，阀溢流，如图 4-6（b）所示。此时进油压力不再升高，达到溢流和稳压作用。图 4-6（d）所示为其图形符号。

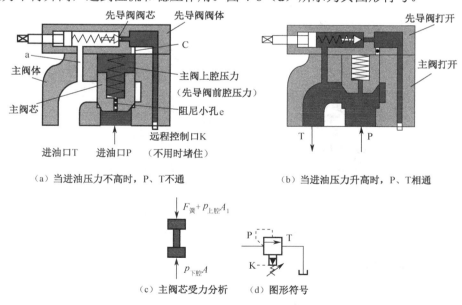

（a）当进油压力不高时，P、T 不通 （b）当进油压力升高时，P、T 相通

（c）主阀芯受力分析 （d）图形符号

图 4-6 先导式溢流阀

先导式溢流阀灵敏度较高，压力波动较直动式溢流阀小，噪声小，最大调整压力为 6.4MPa，所以常用在压力较高或流量较大的场合，如机床液压系统中。

溢流阀在液压系统中的作用主要有两个，一是在定量泵节流调速系统中，用来保持液压泵的出口压力恒定，与此同时将多余油液排回油箱。这一作用常称为定压溢流作用。二是在系统中起安全作用，液压系统处于正常工作状态时，溢流阀关闭，若系统压力大于或等于预先调定压力时才让溢流阀打开，使系统压力不再增加，直至系统压力恢复到正常压力时才重新关闭，实质上是对系统起过载保护作用。

3．溢流阀的应用

溢流阀在液压系统中有着非常重要的地位，特别是定量泵供油系统，如果没有溢流阀几乎无法工作。溢流阀的主要应用如表 4-1 所示。

表 4-1　溢流阀的应用

功能	溢流稳压（作定压阀）	限压保护（作安全阀）	卸荷	远程调压	作背压阀用
图例	节流阀 定量泵 溢流阀：起溢流稳压作用	溢流阀作安全阀 变量泵	至系统 电磁溢流阀作卸荷阀	至系统 先导式溢流阀 溢流阀作远程调压阀	溢流阀作背压阀
说明	在液压系统中用定量泵和节流阀进行调速时，溢流阀可使系统的压力恒定。并且，节流阀调节的多余压力油可以通过溢流阀溢流回油箱，即利用溢流阀进行分流	在液压系统中用变量泵进行调速时，泵的压力随负载变化，这时需防止过载，即设置安全阀（溢流阀）。在正常工作时此阀处于常闭状态，过载时打开阀口溢流，使压力不再升高。通常这种溢流阀的调定压力比系统最高压力高 10%～20%	先导式溢流阀与电磁阀组成电磁溢流阀，可以在执行机构不工作时，使泵卸荷。其中电磁阀断电时，泵不卸荷；电磁阀通电时，泵卸荷	将先导式溢流阀的外控口接上远程调压阀，便能实现远程调压	在系统回油路上接上溢流阀，造成回油阻力，形成背压，可提高执行元件的运动平稳性。背压大小可根据需要通过调节溢流阀的调定压力来获得

二、减压阀

减压阀的作用是降低液压系统中某一回路的油液压力，使一个液压泵能同时提供两个或几个不同压力大小的输出。减压阀按调节要求不同有：用于保证出口压力为定值的定值减压阀；用于保证进、出口压力差不变的定差减压阀；用于保证进、出口压力成比例的定比减压阀。其中定值减压阀应用最广，简称减压阀，这里仅介绍定值减压阀。

1．减压阀的工作原理

常态下减压阀的阀口常开。当工作油路压力低于减压阀的调定压力时，减压阀不工作，阀口处于最大打开状态。当外负载增大，系统压力升高到减压阀的调定压力时，减压阀开始工作，阀口关小，出口压力为减压阀的调定压力。当系统压力继续升高时，减压阀的阀口关得更小，但此时出口压力不变，将恒定在减压阀的调定压力值上。

根据工作原理，减压阀也有直动式和先导式两种，如图 4-7 所示。直动式减压阀在系统中较少单独使用，先导式减压阀应用较多。

（a）直动式减压阀　　　　　　　　（b）先导式减压阀

图 4-7　减压阀实物图

先导式减压阀由先导阀和主阀组合而成，由先导阀调压、主阀减压。在此分两种情况：

（1）当出油压力 p_2 低于先导阀弹簧的调定压力时，先导阀关闭，主阀芯上、下腔油压相等。在主阀弹簧的作用下，主阀芯处于最下端位置，这时减压阀节流口开度最大，不起减压作用。其进口油压 p_1 与出口油压 p_2 基本相等，如图 4-8（a）所示。

（2）若出口油压 p_2 随负载增大超过先导阀弹簧的调定压力时，先导阀开启，主阀芯上腔的油液经先导阀泄油口流回油箱。在阻尼作用下主阀芯两端产生压力差，此时，主阀芯上移，使节流口开度减小，起减压作用，使出口压力降低至调定的数值，如图 4-8（b）所示。

如果减压阀出口压力由于外界干扰而出现变化时，减压阀能自动调整节流口开度，使出口压力保持调定的数值基本不变。减压阀出口压力的大小，可通过调节弹簧力进行调节。如图 4-8（c）所示为其图形符号。

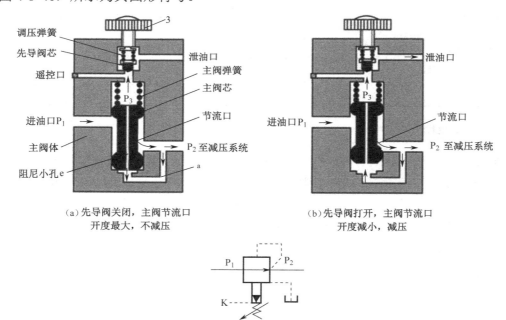

（a）先导阀关闭，主阀节流口　　　　　　（b）先导阀打开，主阀节流口
　　开度最大，不减压　　　　　　　　　　　开度减小，减压

（c）图形符号

图 4-8　先导式减压阀

思考

都是进行压力控制，溢流阀与减压阀有哪些异同点？

提示：从对压力的控制、油口的通断情况、图形符号等方面进行比较。

2．减压阀与溢流阀的区别

（1）减压阀为出口压力控制，保证出口压力为定值；溢流阀为进口压力控制，保证进口压力恒定。

（2）减压阀阀口常开，进出油口相通；溢流阀阀口常闭，进出油口不通。

（3）减压阀出口压力油继续提供给执行元件，压力不等于零，先导阀弹簧腔的泄漏油需单独引回油箱；溢流阀的出口直接接回油箱，因此先导阀弹簧腔的泄漏油可通过阀体上的通道和出油口相通，不必单独外接油箱。

与溢流阀相同的是，减压阀亦可以在先导阀的远程调压口接远程调压阀实现远控或多级调压。

3．减压阀的应用

减压阀是使液压系统中某一支路的油液压力低于系统主油路的压力，并且在阀的进、出油路压力出现波动时，仍能保持阀的出口油路压力基本恒定。因此，减压阀常适用于夹紧、控制油路和从主油路上获得低于主油路压力的分支油路等，如图 4-9 所示。

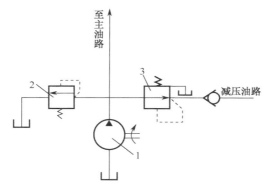

图 4-9　减压阀的应用

三、压力控制回路

压力控制回路是利用压力控制阀来控制整个液压系统或系统某一支路的压力，以满足执行元件对力或力矩的要求。常用的压力控制回路有调压、卸荷、减压、增压、平衡及保压等多种回路。

1．调压回路

调压回路的功用在于调定或限制液压系统的最高工作压力，或者使执行机构在工作过程的不同阶段实现多级压力变换。通常由溢流阀来实现这一功能。

（1）单级调压回路

单级调压回路包括压力调定回路和压力限定回路，见表 4-2。

表 4-2 单级调压回路

分　类	压力调定回路	压力限定回路
图　例	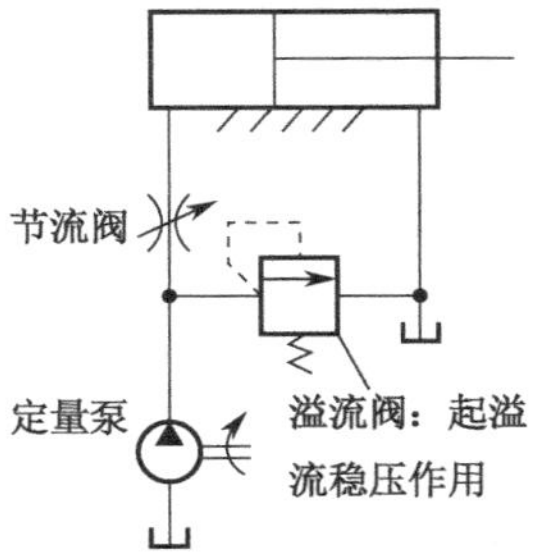 节流阀 定量泵 溢流阀：起溢流稳压作用	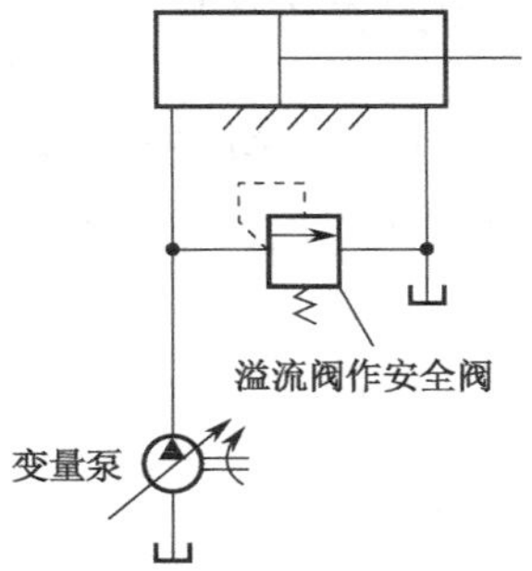 溢流阀作安全阀 变量泵
回路分析	采用定量泵供油，节流阀调速时，用溢流阀来调节并稳定系统的工作压力	采用变量泵进行调速时，则用溢流阀来调定系统的安全压力值，对系统起过载保护作用

（2）二级调压回路及远程调压回路

二级调压回路及远程调压回路的原理见表 4-3。

表 4-3 二级调压回路及远程调压回路

名　称	二级调压回路	远程调压回路
图　例	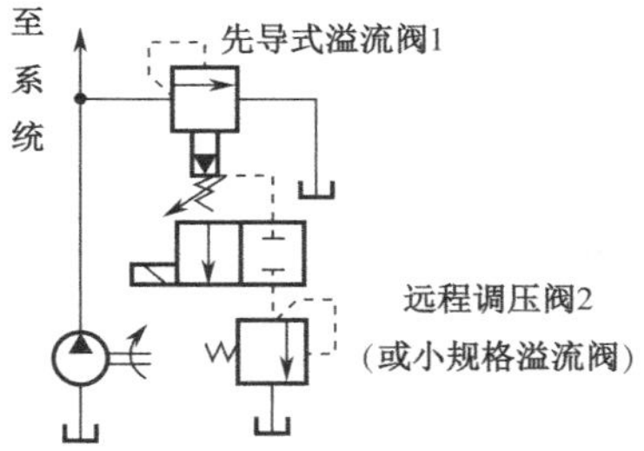 至系统 先导式溢流阀1 远程调压阀2（或小规格溢流阀）	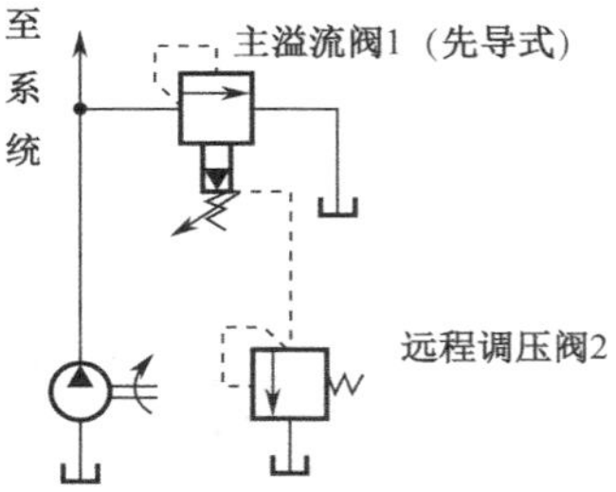 至系统 主溢流阀1（先导式） 远程调压阀2
回路分析	电磁阀断电，系统压力由阀 1 调定；电磁阀通电，系统压力由阀 2 调定，即可使系统获得两种不同的压力。但阀 2 的调定压力必须低于主阀 1 的调定压力，否则阀 2 将不起作用	将阀 2 直接与阀 1 的外控口串接，即可组成远程调压回路，液压泵的最大工作压力即可由阀 2 作远程调压（阀 2 的调定压力必须低于阀 1），主溢流阀 1 还用于调节系统的安全压力值

（3）多级调压回路

当系统需要多级压力控制时，可采用多级调压回路。如图 4-10 所示为三级调压回路。远程调压阀 2 和 3 的调定压力各不相同，但都低于主溢流阀 1 的调定压力。当换向阀 4 在左位工作时，系统压力由阀 2 调定；换向阀 4 在右位工作时，系统压力由阀 3 调定；换向阀 4 在中位工作时，由主溢流阀 1 调定系统的最高压力。

（4）双向调压回路

当执行元件往返行程需不同的供油压力时，为减少功率损耗和系统发热，可采用如图 4-11 所示的双向调压回路。其中液压缸活塞下降为工作行程，要求油液压力大，由阀 1 调定压力；活塞上升为返回行程，要求油液压力小，由阀 2 调定压力。

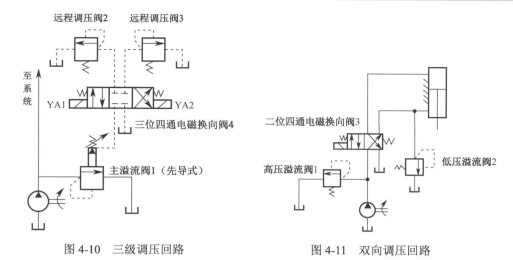

图 4-10 三级调压回路   图 4-11 双向调压回路

2. 减压回路

减压回路的作用是使系统中的某一部分油路较主油路具有较低的稳定压力。**其核心元件为减压阀。**

（1）单级减压回路

最常见的减压回路是在需要减压的油路前串联定值减压阀，如图 4-12 所示。回路中的溢流阀用来稳定整个液压系统的工作压力，而减压阀 1 则用来调定润滑系统的工作压力，减压阀 2 用来调定控制系统的工作压力。

（2）二级减压回路

有时，我们需要对系统压力进行远程控制，此时就需要二级减压回路，如图 4-13 所示。当电磁换向阀不通电时，支路的工作压力直接由减压阀 2 确定；当电磁换向阀通电时，支路的工作压力由溢流阀 3 确定。

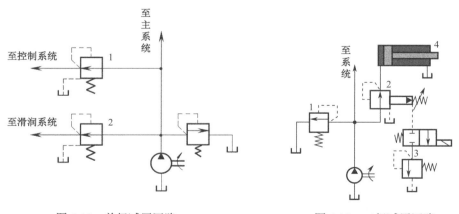

图 4-12　单级减压回路   图 4-13　二级减压回路

❓思考

此回路中，三个压力控制阀之间其调整值大小有何关系？

提示：如果 1 的压力调定值小于 2、3 的话，油液会提前从 1 溢流，2、3、4 完全起作用，同理，可分析 2、3 调整值的大小关系。

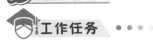
任务实施

工作任务 • • • •

1. 通过前面的学习，说一说在液压系统中，可以用什么元器件来保证系统中的压力在一定值以下？

2. 根据前面所学的知识，试设计数控机床中液压夹紧装置的液压控制回路，使整个液压系统压力稳定，而夹紧支路压力低于系统主油路压力。

【任务解析一】在液压系统中，溢流阀可以保证系统中的压力在一定值以下。

当系统压力低于溢流阀的调定压力时，溢流阀不工作。当外负载增大，系统压力升高到溢流阀的调定压力时，溢流阀打开，一部分液压油回流到邮箱，系统压力不再升高，将始终稳定在溢流阀的调定压力值上。

【任务解析二】液压夹紧装置减压回路设计。

步骤一：根据性能要求，确定核心元件。

（1）实现每条液压油路的压力要求不同，则需要选用**减压阀**进行调压；

（2）为保证整个系统能够安全稳定地工作，需要在泵出口安装**溢流阀溢**流稳压；

步骤二：连接核心元件，画出其他元件，补齐回路。

确定了核心控制元件后，还要补齐液压系统的其他组成部分——执行元件液压缸、动力元件液压泵、辅助元件油箱、过滤器等。

步骤三：根据系统要求，连接各元件，形成回路图，如图4-14所示。

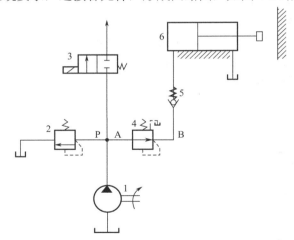

1—液压泵；2—溢流阀；3—换向阀；4—减压阀；5—单向阀；6—液压缸

图4-14 液压夹紧装置传动原理

液压夹紧装置液压回路系统中，主系统的工作压力由溢流阀2来控制和调节，而分支油路（夹紧油路）的压力由减压阀4来控制调节。

任务评价

通过以上学习，根据任务实施过程，将完成任务情况记录在表4-4中，完成任务评价。

表 4-4 任务评价表

序 号	评 价 内 容		要 求	自 评	互 评
1	了解减压阀、溢流阀的工作原理	能理解并说明减压阀、溢流阀的工作原理	正确，表达灵活		
2	掌握各种减压阀、溢流阀及合理选用	掌握减压阀、溢流阀的分类及使用范围，并能够粗略选择	完整，清楚		
3	掌握压力控制回路的连接方法	掌握减压阀、溢流阀的使用注意事项	连接正确、熟悉，回路能够实现正确动作		

任务 2　半自动车床切削回路设计

任务目标

- 掌握顺序阀及压力继电器的结构、工作原理及图形符号。
- 了解顺序阀及压力继电器在回路中的正确应用。
- 能正确连接顺序回路。

任务呈现

在半自动车床（图 4-15）中，一般由液压系统控制用卡盘对工件夹紧、用刀具切削工件。工作过程中，为了避免工件在未夹紧状态下对其进行切削而造成工件飞出的事故，夹紧缸和切削缸这两个执行元件是按照一定的顺序完成伸出和缩回动作的，即：夹紧缸夹紧工件→切削缸伸出刀具切削工件→切削缸退回退刀→夹紧缸松开取出工件。

图 4-15　半自动车床

想一想

1. 在切削系统中，夹紧、切削两个动作必须按一定的顺序进行，否则，会产生很严重的后果，那么有什么元件能使液压执行元件按一定的顺序工作呢？简述其工作原理。

2. 试设计半自动车床夹紧、切削液压控制回路，要求只有当夹紧缸夹紧工件后（夹得越紧、油路压力越高），切削缸才能带动刀具对工件进行切削，同时在切削完成前，夹紧缸始终要将工件夹紧。

知识准备

一、顺序阀

顺序阀利用液压系统中的压力变化来控制油路的通断，从而实现多个执行元件按一定顺序动作。根据控制油路的不同，可分为直控顺序阀（简称顺序阀）和液控顺序阀（远控顺序阀）。

1. 直控顺序阀

常态下顺序阀的阀口常闭，一般接在油路中，当系统压力低于顺序阀的调定压力时，如图 4-16（c）所示，阀芯将进、出油口隔开，顺序阀不工作。当外负载增大，进油口 P_1 的压力油通过阀芯中间的小孔作用在阀芯的底部，待压力升高到顺序阀的开启压力时，如图 4-16（d）所示，阀芯上移，压力油就从出油口 P_2 流出，以操纵另一个油缸或其他元件动作。

顺序阀打开，只要顺序工作后，它的进出油口压力可以随着系统压力的升高而继续升高。图 4-16（a）、（b）所示分别是直控顺序阀的实物图及图形符号。

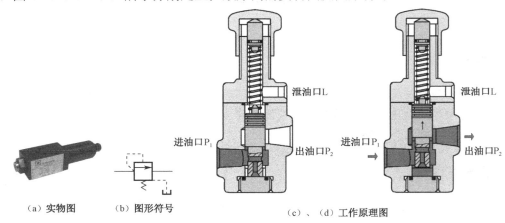

（a）实物图　　（b）图形符号　　　　　　　　　（c）、（d）工作原理图

图 4-16　直控顺序阀

2. 液控顺序阀

液控顺序阀如图 4-17 所示，它与直控顺序阀的主要区别在于液控顺序阀阀芯的左侧有一个控制油口 K。如图 4-17（d）所示，当与油口 K 相通的外来控制油压超出阀芯右侧弹簧的调定压力时，阀芯右移，油口 P 和 T 相通，液控顺序阀的卸油口 L 接回油箱。如将液控顺序阀当卸荷阀使用时，可将出油口 T 接通回油箱。这时将阀盖转一个角度，使它上面的小泄漏孔（图中未标出）从内部与阀体上的出油口 T 接通，可以省掉一根回油管路。当液控顺序阀作为卸荷阀使用时的图形符号如图 4-17（c）所示。

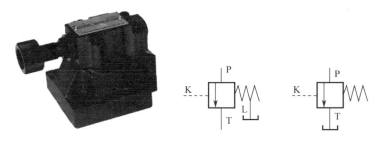

（a）实物图　　　　　　（b）图形符号　　（c）作为卸荷阀时的图形符号

图 4-17　液控顺序阀

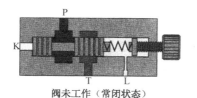
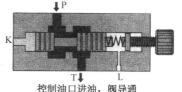

阀未工作（常闭状态）　　　　　　控制油口进油，阀导通

（d）工作原理图

图 4-17　液控顺序阀（续）

3．单向顺序阀

常态下顺序阀的阀口常闭，执行元件回油路油液无法通过，则回路无法往返，为保证回路顺畅往返运动，通常会并联一个单向阀，回油时，油液自单向阀通过。这种由顺序阀与单向阀并联构成的组合阀，称为单向顺序阀，其图形符号如图 4-18 所示。

图 4-18　单向顺序阀

二、压力继电器

压力继电器是将液压信号转换为电信号的一种液电信号转换元件。当油液压力达到压力继电器的调定压力时，即发出电信号，以控制电磁铁、电磁离合器、继电器等元件动作，使油路卸压、换向，使执行元件实现顺序动作，或者关闭电动机使系统停止工作，起安全保护作用。

1．压力继电器的工作原理

压力继电器按结构特点可分柱塞式、弹簧管式和膜片式，分别如图 4-19（a）、（b）、（c）所示。

（a）柱塞式　　　　　　　（b）弹簧管式　　　　　　　（c）膜片式

图 4-19　压力继电器的实物图

图 4-20 所示为单触点柱塞式压力继电器的原理图及图形符号。压力油作用在柱塞的下端，液压力直接与上端弹簧力相比较。当液压力大于或等于弹簧力时，柱塞上移压微动开关触头，接通或断开电气线路，如图 4-20（b）所示。当液压力小于弹簧力时，微动开关触头复位，如图 4-20（a）所示。如图 4-20（c）所示为其图形符号。改变弹簧的压缩量即可调节压力继电器的动作压力。压力继电器必须放在压力有明显变化的回路上才能输出电信号。

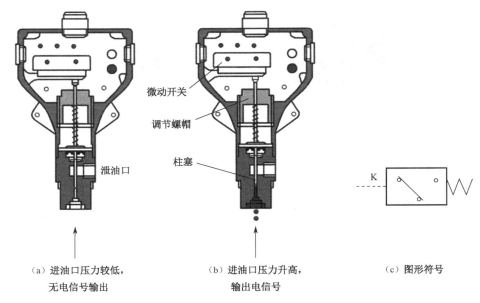

（a）进油口压力较低，　　　　（b）进油口压力升高，　　　（c）图形符号
　　　无电信号输出　　　　　　　　　　输出电信号

图 4-20　单触点柱塞式压力继电器的原理图及图形符号

2. 压力继电器的应用

如图 4-21 所示为压力继电器的应用举例。当 A 缸活塞右移运动到缸底时，液压缸进油腔压力升高，达到压力继电器的调定数值时，压力继电器发出信号，使电磁铁通电，从而使 B 缸顺序动作。

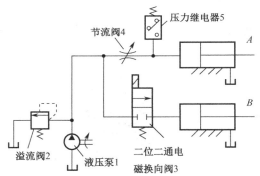

A缸运动到尽头时，B缸顺序动作

图 4-21　用压力继电器控制的顺序回路

注意： 压力继电器必须放在压力有明显变化的地方才能输出电信号，若将压力继电器放在回油路上，由于回油路直接接回油箱，压力没有变化，所以压力继电器不会工作。

思考

压力继电器与顺序阀都可以控制液压支路的顺序动作，试问两者有什么不同？

提示：压力继电器产生的是电信号，需要另一个电磁阀接收信号来动作；顺序阀是直接打开阀，油液流向后面的元件。

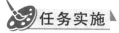

任务实施

工作任务 ● ● ● ●

1. 通过前面的学习，我们知道有哪些元件能使液压执行元件按一定的顺序工作呢？简述其工作原理。

2. 试设计半自动车床夹紧、切削液压控制回路，要求只有当夹紧缸夹紧工件后（夹得越紧、油路压力越高），切削缸才能带动刀具对工件进行切削，同时在切削完成前，夹紧缸始终要将工件夹紧。

【任务解析一】顺序阀与压力继电器

在液压系统中，可以利用顺序阀或者是压力继电器达到液压元件按顺序动作的效果，其中，顺序阀是常闭的，只有入口压力足够大，使阀芯偏移，进油口、出油口接通，其串接的执行元件才能动作。

而压力继电器在油液压力达到压力继电器的调定压力时，即发出电信号，以控制电磁铁、电磁离合器、继电器等元件动作，使油路卸压、换向，使执行元件实现顺序动作。

【任务解析二】半自动车床顺序回路的设计

步骤一：根据性能要求，确定核心元件。

（1）要使**执行元件按一定的顺序动作**，则需要选用**顺序阀**。

（2）为保证整个回路可以实现往返动作，则选择**单向顺序阀**。

步骤二：连接核心元件，画出其他元件，补齐回路。

我们确定了核心控制元件，还要补齐液压系统的其他组成部分——执行元件液压缸，动力元件液压泵，辅助元件油箱、过滤器等。

步骤三：根据系统要求，连接各元件，形成回路图。

综合前面的分析得到如图 4-22 所示的切削回路（其中阀 1、阀 2 为单向顺序阀），其工作原理如下。

（1）扳动二位四通换向阀，使其左位接入系统，压力油只能进入夹紧缸的左腔，回油经阀 2 中的单向阀流回油箱，实现夹紧动作。

（2）活塞右行到达终点后，系统压力升高，打开阀 1 中的顺序阀，压力油进入切削缸左腔，回油经换向阀流回油箱，实现切削动作。

（3）切削完毕后松开手柄，扳动换向阀换向，使回路处于图示状态，压力油先进入切削缸右腔，回油经阀 1 中的单向阀及手动换向阀流回油箱，实现退刀动作。

（4）活塞左行到达终点后，油压升高，打开阀 2 中的顺序阀，压力油进入切削缸右腔，回油经换向阀回油箱，实现松开动作，至此完成一个工作循环。

【分析】以上回路虽然能满足切割装置的动作要求，但不能实现夹紧缸的锁紧保护，在夹紧缸的夹紧供油回路中增加一个液控单向阀，当遇到特殊情况，液压泵不供油时，液控单向阀不工作，使夹紧缸左腔的液压油不能通过液控单向阀流回油箱，而把工件牢牢夹紧在工位上。改进方案如图 4-23 所示。

该回路的可靠性在很大程度上取决于顺序阀的性能和压力调定值。为了保证严格的动作顺序，应使顺序阀的调定压力大于 $(8 \sim 10) \times 10^5 Pa$。否则顺序阀可能在压力波动下先行打开，影响工作的可靠性。此回路用于液压缸数目不多、阻力变化不大的场合。

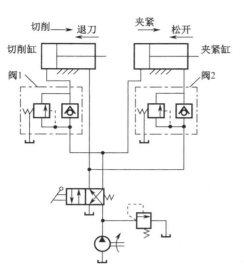

图 4-22　切削装置控制回路图

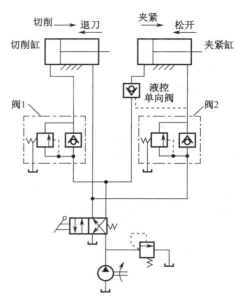

图 4-23　可锁紧的切削装置控制回路

当然，除了顺序阀我们还可以用其他方式实现顺序动作，如表 4-5 所示。

表 4-5　其他顺序回路

功　能	用电气行程开关控制的顺序动作回路	用行程阀控制的顺序动作回路
图　例		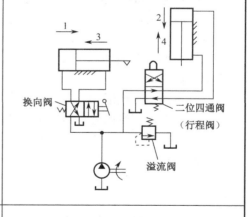
说　明	操作时，首先按启动按钮，电磁铁 YA1 通电，压力油流入液压缸 d 的左腔，活塞按箭头 1 的方向移动，到达终点时，触动行程开关 b，电磁铁 YA2 通电，压力油进入 e 的左腔，活塞按箭头 2 的方向移动，到达终点时，触动行程开关 c，使电磁铁 YA1 断电，压力油进入 d 的右腔，活塞按箭头 3 的方向运动，到达行程终点，压下行程开关 a，使 YA2 断电，压力油进入液压缸 e 的右腔，活塞按箭头 4 的方向移动，回至原位，循环结束	动作开始时，扳动换向阀，使其右位接入系统，水平液压缸活塞向右移动（动作 1），到达终点时撞块将二位四通电磁阀压下，垂直液压缸活塞向下运动（动作 2），当手动换向阀换向以后，水平液压缸向左退回（动作 3），当撞块离开行程阀的滚轮时，行程阀复位（图示位置），垂直液压缸活塞上升（动作 4），实现了按 1→2→3→4 的顺序动作。调节撞块的位置，就可以控制动作 2 继动作 1 之后开始的时间

续表

功 能	用电气行程开关控制的顺序动作回路	用行程阀控制的顺序动作回路
回路特点	该回路动作的先后顺序由电气线路来保证，其优点是动作迅速	用行程阀控制的顺序动作回路工作比较可靠，但行程阀只能安装在工作台附近，有一定的局限性。另外，改变动作顺序也比较困难

任务评价

通过以上学习，根据任务实施过程，将完成任务情况记录在表4-6中，完成任务评价。

表4-6　任务评价表

序　号	评价内容		要　求	自　评	互　评
1	了解顺序阀的工作原理	能理解并说明顺序阀的工作原理	正确，表达灵活		
2	掌握各种顺序阀及合理选用	掌握顺序阀的分类及使用范围，并能够粗略选择	完整，清楚		
3	掌握压力控制回路的连接方法	掌握顺序阀的使用注意事项	连接正确、熟悉，回路能够实现正确动作		

知识拓展

其他压力控制回路

一、卸荷回路

卸荷回路是在系统执行元件短时间停止运动或需要长时间保持压力时，不频繁启停驱动泵的原动机，而使泵在很低的压力或很小的流量下运转的回路。目的是提高系统效率，减少油液发热，以及延长泵的使用寿命。

卸荷的方法有两种：一种是将泵的出口直接接回油箱，使泵在零压或接近零压下工作，称为压力卸荷；另一种是使泵在零流量或接近零流量下工作，称流量卸荷。后者只适用变量泵。下面介绍几种常用的压力卸荷方法。

1. 采用三位换向阀的卸荷回路

如图4-24所示为采用换向阀中位机能的卸荷回路。M型、H型或K型中位机能的三位换向阀都具有此功能。如图4-24（a）所示为采用三位四通电磁换向阀的卸荷回路，它只用于低压、小流量的场合。高压、大流量系统常采用液动或电液换向阀来卸荷，如图4-24（b）所示为采用电液换向阀的卸荷回路。但应在回路上安装单向阀，使泵在卸荷时，仍能保持0.3～0.5MPa的压力，以保证控制油路能获得必要的启动压力。

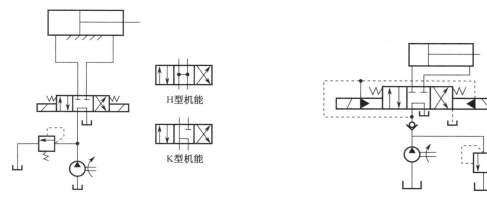

（a）采用三位四通电磁换向阀的卸荷回路　　　　　　　（b）采用电液换向阀的卸荷回路

图 4-24　采用三位换向阀的卸荷回路

2．采用二位二通换向阀的卸荷回路

如图 4-25 所示为采用二位二通换向阀的卸荷回路。当电磁阀通电时，油泵输出的油液直接返回油箱，使油泵卸荷。二位二通电磁阀的流量规格必须与液压泵的额定流量相适应。

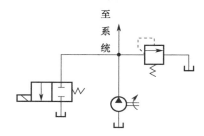

图 4-25　采用二位二通换向阀的卸荷回路

3．采用先导式溢流阀的卸荷回路

如图 4-26 所示为采用二位二通电磁阀控制先导式溢流阀的卸荷回路。当电磁阀通电时，溢流阀的远程控制口与油箱连通，泵输出的油液以很低的压力经溢流阀流回油箱，实现卸荷。这种回路卸荷时较平稳，且二位二通阀可选用小流量规格。

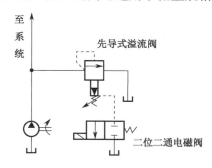

图 4-26　采用先导式溢流阀的卸荷回路

二、增压回路

增压回路在系统的整体工作压力较低的情况下，用于提高系统某一支路或某个执行元件的工作压力，以满足局部工作机构的需要。采用增压回路，可以降低高压液压泵的压力，减少功率消耗。增压回路中提高压力的主要元件是增压器，其增压比为增压器大小活塞的面积之比。

1．单作用增压器的增压回路

如图 4-27（a）所示为单作用增压器的增压回路。换向阀左位工作时，液压泵输出压力为 p_1 的油液进入增压器 1 的左腔（活塞面积为 A_1），推动活塞右行，增压器 1 的右腔（活塞面积为 A_2）输出压力为 p_2 的油液进入工作缸 2 的上腔，由于 $A_1 > A_2$，所以 $p_2 > p_1$，这样便达到增压目的。换向阀右位工作时，当活塞左行时，工作缸 2 靠弹簧力回程，增压器 1 的右腔由高位油箱 3 补充液压油。这种增压回路只能断续供油，适用于单向作用力大、行程小、作业时间短的场合，如制动器、离合器等。

2．双作用增压器的增压回路

如图 4-27（b）所示为双作用增压器的增压回路。其增压原理与单作用增压器相同，不同的是，双作用增压器双向都可以实现增压，可以获得连续输出的高压油。换向阀左位工作时，液压泵输出的压力油进入增压器左边大、小腔，右边大腔回油，增压器活塞右行，右边小腔获得增压的高压油经单向阀 1 输出，此时单向阀 2、3 被关闭；换向后，液压泵输出的压力油进入增压器右边大、小腔，左边大腔回油，增压器活塞左行，左边小腔获得增压的高压油经单向阀 3 输出，此时单向阀 1、4 被关闭。只要换向阀不断地切换，就能使增压器活塞不断地往复运动，在液压缸较大的行程中，增压器两边小腔便交替输出高压油，从而实现连续增压。

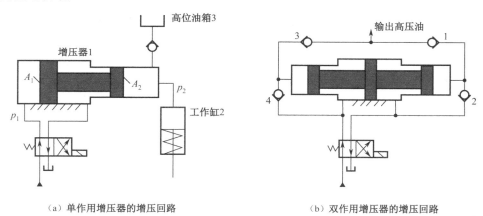

（a）单作用增压器的增压回路　　　　　　　　（b）双作用增压器的增压回路

图 4-27　增压回路

三、平衡回路

平衡回路通过平衡阀（即单向顺序阀）产生的压力来平衡执行元件的重力负载，防止立式液压缸与垂直运动的工作部件在悬空停止期间因自重而自行下滑，或在下行过程中由于自重而造成失控超速的不稳定运动，又称背压回路。如图 4-28 所示。

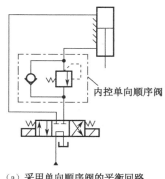
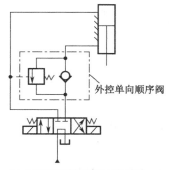

（a）采用单向顺序阀的平衡回路　　　　　　（b）采用液控顺序阀的平衡回路

图 4-28　平衡回路

1．采用单向顺序阀的平衡回路

如图 4-28（a）所示，顺序阀的调定压力应稍大于工作部件自重在液压缸下腔中产生的压力。这样，当换向阀处于中位，液压缸不工作时，顺序阀关闭，工作部件不会自行下滑。当换向阀左位工作时，液压缸上腔通压力油，当下腔的压力大于顺序阀的调定压力时，顺序阀开启，活塞下行。由于回油路上存在一定的背压，活塞平稳下落。此时的顺序阀又被称为平衡阀。这种回路由于下行时回油腔背压的存在，必须提高进油腔工作压力，功率损失较大，因此仅适用于负载较小且变化不大的场合。

2．采用液控顺序阀的平衡回路

如图 4-28（b）所示，当换向阀切换至右位时，压力油经单向阀进入液压缸的下腔，上腔回油，使活塞上升吊起重物。当换向阀切换至左位时，压力油进入液压缸上腔，并进入液控顺序阀的控制口，只有在此压力升高到液控顺序阀的调定压力时，才打开顺序阀，使液压缸下腔回油，于是活塞下行放下重物。将换向阀切换至中位，液压缸上腔迅速卸压，液控顺序阀关闭，活塞即停止下降并被锁紧。

这种回路的特点是液控顺序阀的启闭取决于控制口的油压，而与负载无关，比较安全可靠。但活塞下行时平稳性较差。这是因为活塞下行时，液压缸上腔油压降低，将使液控顺序阀关闭，活塞就停止下行。这时液压缸上腔油压又升高打开液控顺序阀，使活塞再下行。因此液控顺序阀始终工作于启闭的过渡状态，影响工作平稳性。为解决这一问题，宜采用起重机液压系统专用的平衡阀。

四、保压回路

保压回路的作用是使液压系统的执行元件在行程终止后，仍能保持稳定不变的工作压力。如机械手夹紧缸夹紧工件后要求保持其压力。

1．采用液控单向阀的保压回路

如图 4-29（a）所示为采用密封性能较好的液控单向阀的保压回路，其组成最为简单，但阀座的磨损和油液的污染会使保压性能降低。仅适用于保压时间短、对保压稳定性要求不高的场合。

2．采用蓄能器的保压回路

如图 4-29（b）所示为采用蓄能器的保压回路。在图示位置，换向阀右位工作，液压泵向蓄能器和夹紧缸左腔供油，活塞向右运动。夹紧工件时，系统压力升高，当压力升高到一定数值时，外控顺序阀被打开，液压泵卸荷，这时单向阀将压力油路和卸荷油路隔开，由蓄能器输出压力油补偿系统的泄漏，保持夹紧缸的压力。这种回路在缸保压的同时使泵卸荷，因此能量使用合理，具有较高的效率。这里外控顺序阀作卸荷阀用。

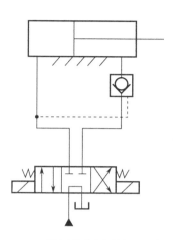

（a）采用液控单向阀的保压回路

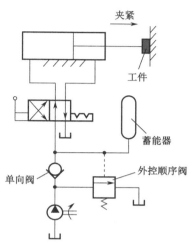

（b）采用蓄能器的保压回路

图 4-29　保压回路

项目总结

1．压力控制阀用来控制液压系统的压力，或利用压力作为信号控制其他元件的动作。压力控制阀按其用途不同，分为溢流阀、减压阀、顺序阀和压力继电器等。各阀的比较见表 4-7。

表 4-7　溢流阀、减压阀、顺序阀的比较

类　型	溢 流 阀	减 压 阀	顺 序 阀
图形符号			
控制压力	从阀的进油端引压力油去实现控制	从阀的出油端引压力油去实现控制	从进油端或外部油源引压力油构成内控或外控式
连接方式	连接溢流阀的油路与主油路并联；阀出口直通油箱	串联在减压油路上，出口油到减压部分去工作	当作为卸荷或平衡使用时，出口通油箱；当顺序控制时，出口到工作系统
泄漏的回油方式	泄漏由内部回油	外泄回油（设置外泄口）	外泄回油，当卸荷阀使用时内泄回油

续表

类　型	溢　流　阀	减　压　阀	顺　序　阀
阀芯状态	原始状态阀口关闭，当安全阀用，阀口是常闭状态；当溢流阀、背压阀用，阀口是常开状态	原始状态阀口开启，工作过程阀口是微开状态	原始状态阀口关闭，工作过程阀口常开
作用	安全作用；稳压溢流作用；背压作用；卸荷作用	减压、稳压作用	顺序控制作用；卸荷作用；平衡（限速）作用；背压作用

2. 压力继电器的作用是将液压信号转换为电信号，从而控制电磁铁、继电器等电器元件动作，以实现系统的程序控制和安全保护。压力继电器控制其他支路，而顺序阀多控制本支路的通断。

课后练习

一、填空题

1. 压力控制阀是利用油液的_____和弹簧力相平衡的原理来进行工作的。按其用途不同，分为_____、_____、_____和压力继电器等。

2. 溢流阀在液压系统中主要起_____、_____、_____、远程调压和作_____阀用。

3. 溢流阀为_____压力控制，阀口常_____；定值减压阀为_____压力控制，阀口常_____。

4. 顺序阀是用_____作为控制信号来控制油路的通断，从而使多个执行元件按_____动作。

5. 压力继电器是将_____信号转换为_____信号的一种_____转换元件。

6. 常用的压力控制回路有_____、_____、_____、_____、平衡及保压等多种回路。

二、判断题

1. 采用液控单向阀的锁紧回路，一般锁紧精度较高。　　　　　　　　（　　）

2. 溢流阀通常旁接在液压泵进口处的油路上。　　　　　　　　　　　（　　）

3. 直动式溢流阀用于中、高压液压系统。　　　　　　　　　　　　　（　　）

4. 先导式溢流阀主阀起溢流作用，先导阀起调压作用。　　　　　　　（　　）

5. 如果把溢流阀当作安全阀使用，则系统正常工作时，该阀处于常闭状态。

　　　　　　　　　　　　　　　　　　　　　　　　　　　　　　　（　　）

6. 减压阀与溢流阀一样，出口油液压力等于零。　　　　　　　　　　（　　）

7. 内控式顺序阀与直动式溢流阀基本相同，只是顺序阀出口压力不为零。（　　）

8. 将液控顺序阀的出油口与油箱连接时，其即成为卸荷阀。　　　　　（　　）

三、选择题

1. 溢流阀属于（　　）控制阀。

　　A．方向　　　　　　　B．压力　　　　　　C．流量

2．在（　　）液压系统中，常采用直动式溢流阀。

　　A．低压、流量较小

　　B．高压、大流量

　　C．低压、大流量

3．当液压系统中某一分支油路压力需低于主油路压力时，应在该油路中安装（　　）。

　　A．溢流阀　　　　　　B．顺序阀　　　　　　C．减压阀

4．在液压系统中，（　　）的出口与油箱相连。

　　A．溢流阀　　　　　　B．顺序阀　　　　　　C．减压阀

5．在液压系统中，（　　）可作背压阀。

　　A．溢流阀　　　　　　B．减压阀　　　　　　C．液控顺序阀

6．为使减压回路工作可靠，其最高调整压力应比系统压力（　　）。

　　A．低一定数值　　　　B．高一定数值　　　　C．相等

7．当阀口打开后，油路压力可继续升高的压力控制阀是（　　）。

　　A．直动式溢流阀　　　B．顺序阀　　　　　　C．先导式溢流阀

8．如图 4-30 所示液压系统中，溢流阀起（　　）作用。

　　A．远程调压　　　　　B．过载保护　　　　　C．溢流稳压

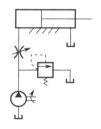

图 4-30

9．为了使执行元件能在任意位置上停留，以及在停止工作时，防止其在受力的情况下发生移动，可以采用（　　）回路。

　　A．调压　　　　　　　B．增压　　　　　　　C．锁紧

10．调压回路所采用的主要液压元件是（　　）。

　　A．减压阀　　　　　　B．节流阀　　　　　　C．溢流阀

11．常见的减压回路是在所需低压的分支路上（　　）接一个定值减压阀。

　　A．并　　　　　　　　B．串　　　　　　　　C．串或并

12．阀的进口压力即为系统压力，且保持恒定，应选用（　　）。

　　A．溢流阀　　　　　B．单向阀　　　　　C．换向阀　　　　　　D．减压阀

13．减压阀（　　）。

　　A．常态下的阀口是常闭的

　　B．出油口压力为零

　　C．出口压力低于进口压力，并保持近于恒定

　　D．进口压力恒定

14. 有两个调整压力分别为 5MPa 和 10MPa 的溢流阀串联在液压泵的出口，泵的出口压力为（   ）；并联在液压泵的出口，泵的出口压力又为（   ）。

    A．5MPa   B．10MPa   C．15MPa   D．20MPa

15. 如图 4-31 所示液压基本回路是（   ）。

    A．速度换接回路   B．换向回路

    C．减压回路   D．卸载回路

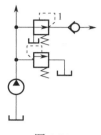

图 4-31

四、简答题

1. 溢流阀、减压阀和顺序阀在结构上基本相同，如果这三个阀的铭牌已不清楚，试在不拆开的情况下，将这三个阀加以区分。

2. 在如图 4-32 所示的两组阀中，溢流阀的调定压力为 $p_A = 4\text{MPa}$，$p_B = 3\text{MPa}$，$p_C = 5\text{MPa}$，试求压力计读数。

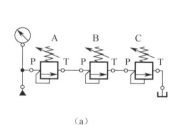
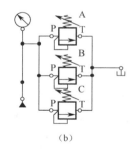

          （a）   （b）

图 4-32

3. 如图 4-33 所示两组阀的出口压力取决于哪个减压阀？为什么？设两个减压阀的调定压力一大一小并且所在支路有足够的负载。

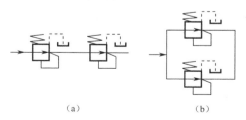

         （a）   （b）

图 4-33

五、分析题

如图 4-34 所示的夹紧回路中，已知溢流阀的调整压力 p_y =20MPa，减压阀的调整压力 p_J=15MPa。试分析：

（1）夹紧缸在未夹紧工件前，活塞做快速进给时，A、B 两点压力各为多少？减压阀的阀芯处于什么状态？

（2）夹紧缸使工件夹紧后，A、B 两点压力各为多少？减压阀的阀芯又处于什么状态？

（3）在此系统中，溢流阀起什么作用？减压阀又起什么作用？

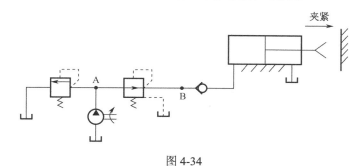

图 4-34

项目 流量控制阀与速度控制回路

项目描述

一个正常的设备都需要进行速度的切换，前面介绍了可以用压力控制阀来控制设备压力的大小，可以用方向控制阀来控制设备的运行方向、启停，而本项目主要介绍如何用液压系统实现设备运行速度大小的控制、各种速度间的自动换接等内容。

任务 1　液压升降台的速度控制

任务目标

- 了解节流阀的结构及工作原理。
- 掌握节流阀在回路中的正确应用。
- 认识液压系统中的节流调速回路，能设计简单的速度控制回路。

任务呈现

液压升降平台（图 5-1）在平缓上升到顶、下降到底时，为保护设备，减少噪声，都需要进行缓冲，以平缓降低工作台的运动速度至零。

图 5-1　液压升降平台

液压升降平台的升降速度取决于其执行元件液压缸的速度，而由前面所讲的液压缸的知识可知，液压缸的运动速度取决于两方面的因素：液压缸的有效作用面积和流入液压缸的压力油的流量，而液压缸的有效作用面积在系统中通常是确定的，因此，影响液压缸运动速度的因素主要是流入液压缸的压力油的流量。

📋 **想一想** • • • •

> 1. 在液压系统中有哪些元件可以控制速度大小，是利用什么原理来实现功能的？
> 2. 试设计液压升降平台的速度控制回路。

🍎 **知识准备**

　　流量控制阀（简称流量阀）是在一定的压差下通过改变节流口通流面积的大小，改变通过阀口流量，从而调节执行元件（液压缸或液压马达）运动速度的阀，是液压系统中的调速元件。常用的流量阀有节流阀和调速阀等。

❓ **思考** ──────────

> 试述我们如何控制水龙头的流量大小。

一、流量控制原理

　　改变节流口的通流面积，使液阻发生变化，就可以调节流量的大小，这就是流量控制的工作原理。如图 5-2 所示，压力油从进油口 P_1 流入，经节流口从 P_2 流出。流口的形式为轴向三角沟槽式。作用于节流阀芯上的力是平衡的，因而调节力矩较小，便于在高压下进行调节。当调节节流阀的手轮时，可通过顶杆推动节流阀芯向下移动。节流阀芯的复位靠弹簧 5 力来实现；节流阀芯 4 的上下移动改变着节流口的开口量，从而实现对流体流量的调节。

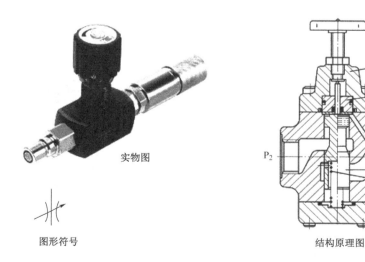

实物图

图形符号　　　　　　　　　　　　　　结构原理图

图 5-2　节流阀

节流口的形式有很多种，表 5-1 所列为几种常见的形式。

表 5-1　常用节流口的形式

节流口形式	图　示	特点及应用
针阀式		针阀做轴向移动时，调节了环形通道的大小，由此改变了流量。这种结构加工简单，节流口长度大，易堵塞，流量受油温变化的影响也大，一般用于要求较低的场合
偏心式		阀芯上开一个截面为三角形（或矩形）的偏心槽，当转动阀芯时，就可以改变通道大小，由此调节了流量。偏心槽式结构因阀芯受径向不平衡力，高压时应避免采用
轴向三角槽式		阀芯端部开有一个或两个斜的三角槽，轴向移动阀芯就可以改变三角槽通流面积，从而调节了流量。在高压阀中有时通过在轴端铣两个斜面来实现节流。轴向三角槽式节流口的水力半径较大。小流量时的稳定性较好
缝隙式		阀芯上开有狭缝，油液可以通过狭缝流入阀芯内孔，再经左边的孔流出，旋转阀芯可以改变缝隙的通流面积大小。这种节流口可以作成薄刃结构，从而获得较小的稳定流量，但是阀芯受径向不平衡力，故只适用于低压节流阀中
轴向缝隙式		套筒上开有轴向缝隙，轴向移动阀芯就可以改变缝隙的通流面积大小。这种节流口可以作成单薄刃或双薄刃式结构，流量对温度不敏感。小流量时的稳定性好，因而可用于性能要求较高的场合。但节流口在高压作用下易变形，使用时应改善结构的刚度

二、节流阀

1．节流阀的种类

节流阀是结构简单的流量阀，也可与单向阀并联构成单向节流阀。如图 5-3 所示为三种类型的节流阀。

（a）管式节流阀　　　（b）叠加式节流阀　　　（c）精密节流阀

图 5-3　节流阀的实物图

2．单向节流阀

如图 5-4 所示为单向节流阀的实物图及图形符号。从作用原理来看，单向节流阀是单向阀与节流阀的组合。在结构上是利用一个阀芯同时起节流阀和单向阀两种作用。其结构原理如图 5-5 所示。当压力油从 P_1 流入时，压力油经下阀芯 4 上的轴向三角槽式节流口，从 P_2 流出。此时调节手轮，即调节上阀芯 3 的轴向位置，在弹簧 6 的作用下，可使下阀芯 4 的节流口通流面积发生改变。当压力油从 P_2 流入时，在油压作用下阀芯 4 下移，使进出油口导通，从 P_1 流出，起单向阀作用。

（a）实物图 　　　　　　　　（b）图形符号

图 5-4　单向节流阀的实物图及图形符号

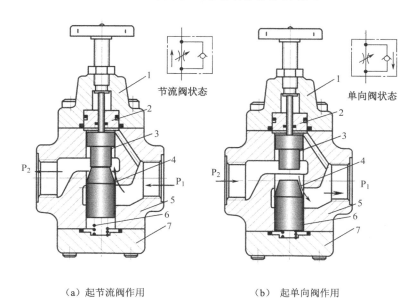

（a）起节流阀作用 　　　　　　　（b）起单向阀作用

1—顶盖；2—导套；3—上阀芯；4—下阀芯；5—阀体；6—弹簧；7—底座

图 5-5　单向节流阀的结构原理图

3．节流阀的应用

节流阀应与溢流阀或变量泵一起使用。如图 5-6（a）所示，采用定量泵供油时，将节流阀与溢流阀并联于泵的出口。通过改变节流阀节流口大小，来改变进入液压缸的流量，从而调节液压缸的运动速度。随着节流阀进口压力升高，导致溢流阀开启，此时多余流量流回油箱。若回路中仅有节流阀，而没有与之并联的溢流阀，如图 5-6（b）所示，则节流阀就起不到调节流量的作用，液压泵输出的压力油全部经节流阀进入液压缸。改变节流阀节流口大小，只是改变液流流经节流阀的压力降。节流口小，流速快；节流口大，流速慢，而总的流量是不变的，因此液压缸的运动速度不变。节流阀也可与限压式变量泵一起使用实现调速，如图 5-6（c）所示。

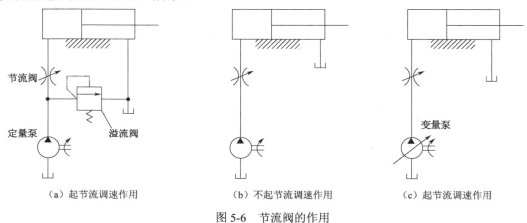

（a）起节流调速作用　　　　　（b）不起节流调速作用　　　　　（c）起节流调速作用

图 5-6　节流阀的作用

节流阀结构简单，制造容易，体积小，但负载和温度的变化对流量的稳定性影响较大，只适用于负载和温度变化不大或执行机构速度稳定性要求较低的液压系统。在速度稳定性要求高的场合，则要使用流量稳定性好的调速阀。

三、节流调速回路

节流调速回路是在定量泵供油的液压系统中，利用流量阀改变油路的流量分配，从而控制流入或流出执行元件的流量来实现对执行元件速度的调节。按照流量阀在回路中的位置不同，节流调速回路可以分为进油节流调速、回油节流调速和旁路节流调速三种基本回路。各回路的工作原理、特点及应用，见表 5-2。

表 5-2　三种节流调速回路的比较

分类	进油节流调速	回油节流调速	旁路节流调速
图例			
工作原理	把节流阀装在执行元件的进油路上，调节节流阀的开口大小，便可控制进入液压缸的流量，从而调节执行元件的运动速度。泵多余的流量由溢流阀溢流回油箱	把节流阀装在执行元件的回油路上，调节节流阀的开口大小，便可控制液压缸的回油量，也就控制了液压缸的进油量，从而达到节流调速的目的。泵多余的流量经溢流阀流回油箱	将节流阀安装在与执行元件并联的分支油路上，用节流阀调节流回油箱的流量，从而调节进入执行元件的流量，达到节流调速的目的。正常工作时，溢流阀关闭，液压泵输出压力低于溢流阀的调定压力，溢流阀作为安全阀使用，起过载保护作用

续表

分类	进油节流调速	回油节流调速	旁路节流调速
特点及比较	① 当节流口一定时，速度随负载增大而降低，负载越大，速度稳定性越差 ② 当负载 F 一定时，节流口越大，则速度 v 越高；但速度稳定性较差 ③ 执行元件速度不同时，其最大承载能力相同 ④ 泵多余的流量经溢流阀流回油箱造成功率浪费，故效率低 ⑤ 因启动时进入液压缸的流量受到节流阀的控制，故可减少启动时的冲击	回油路节流特性与进油路基本相同，所不同的是： ① 由于回油路上有节流阀而产生背压，因此具有承受负值负载（负载方向与图中 F 相反）的能力 ② 由于背压的产生，使液压缸运动平稳性增加 ③ 停车后启动大量油液涌入，冲击大	由于旁油路分流，所以： ① 当节流口一定时，速度随负载增大而降低，但负载越大，速度稳定性越好 ② 当负载一定时，节流口越小，速度越高，且速度稳定性也越好 ③ 无溢流损失，效率高
适用场合	适用于低速、轻载的场合	适用于低速、轻载且负载变化大，有负值负载或有运动平稳性要求的场合	适用于高速、重载及负载变化不大或运动平稳性要求不高的场合

注：在上述回路中用调速阀代替节流阀，则回路的工作性能将大为改善。由调速阀的工作原理可知，其流量稳定性不受负载变化的影响，可用于速度稳定性要求较高或负载变化较大的场合。

节流调速回路结构简单，价格便宜，使用维护方便，但由于有节流损失和溢流损失，功率损失较大，效率较低。

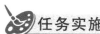

1. 通过学习或查阅资料，在液压系统中可以选择哪些元件来控制速度大小，并说说其是利用什么原理来实现功能的？
2. 试设计液压升降平台的速度控制回路。

【任务解析一】流量控制阀

在液压系统中流量控制阀可以控制速度大小，在一定的压差下通过改变节流口通流面积的大小，改变通过阀口流量，从而调节执行元件（液压缸或液压马达）运动速度。

【任务解析二】液压升降平台的速度控制回路设计

任务分析：液压升降平台的运动有升降两个方向需要进行控制，故液压缸为一个双作用单出杆式液压缸，为了往复运动时工作平稳，采用回油节流调速回路，并使用单向阀作为速度控制元件，故液压升降平台的速度控制回路如图5-7所示。

回路分析：

升降平台与液压缸 1 相连，液压缸 1 的升降运动由换向阀 3 控制，电气行程开关 SQ1 和 SQ2 设置在升、降终点，用于接通油路，使节流阀接入回路，对油液的速度进行调节，降低执行元件的运动速度，起到缓冲作用。在这个液压系统回路中，采用回油节流调速回路的方式进行节流调速，在液压缸回油路中产生背压，使执行元件下行平稳。

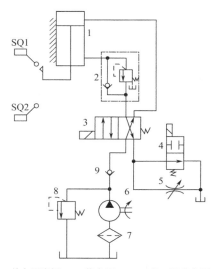

1—升降液压缸；2—单向顺序阀；3—换向阀；4—二位二通换向阀；5—可调节流阀；

6—液压泵；7—过滤器；8—溢流阀；9—普通单向阀

图 5-7　液压升降平台调速回路

回路分析：

升降平台与液压缸 1 相连，液压缸 1 的升降运动由换向阀 3 控制，电气行程开关 SQ1 和 SQ2 设置在升、降终点，用于接通油路，使节流阀接入回路，对油液的速度进行调节，降低执行元件的运动速度，起到缓冲作用。在这个液压系统回路中，采用回油节流调速回路的方式进行节流调速，在液压缸回油路中产生背压，使执行元件下行平稳。

任务评价

通过以上学习，根据任务实施过程，将完成任务情况记录在表 5-3 中，完成任务评价。

表 5-3　液压升降平台调速回路任务评价表

序　号	评价内容	要　求	自　评	互　评
1	了解节流阀的工作原理　能理解并说明节流阀的工作原理	正确，表达灵活		
2	合理选择节流阀　掌握节流阀的分类及使用范围，并能够粗略选择	完整，清楚		
3	能设计简单的调速回路　掌握节流阀的使用注意事项，并能进行合理的组装	各元件使用得当		

知识拓展

容积调速回路

节流调速回路结构简单，价格便宜，使用维护方便，但由于有节流损失和溢流损失，功率损失较大，效率较低。因此大功率液压系统中普遍采用容积式调速回路。

容积调速回路是通过调节变量泵或变量液压马达的排量来进行调速的。

一、容积调速回路分类

按油路的循环方式不同，容积调速回路可以分为开式回路和闭式回路；所谓开式回路是指油液经过油箱循环使用的回路，而闭式回路则是指油液只在泵与执行元件内循环，不通过油箱的回路。

按液压泵与执行元件的组合形式，容积调速回路又可分为变量泵与定量执行元件的调速回路、定量泵与变量液压马达的调速回路、变量泵与变量液压马达的调速回路三种。

二、容积调速回路的工作原理及特点

容积调速回路的工作原理、特点及应用，见表5-4。

表5-4 三种容积调速回路的工作原理、特点及应用

分 类		图 例	工 作 原 理	特点及适用场合
变量泵与定量执行元件的调速回路	变量泵与液压缸的调速回路	1—变量泵；2—溢流阀（安全阀）；3—背压阀；4—二位二通电磁换向阀；5—液压缸	变量泵1输出的压力油全部进入液压缸5，推动活塞运动。调节泵的输出流量，即可调节活塞运动的速度。图中溢流阀2起安全保护作用，在系统过载时才打开溢流。背压阀3使液压缸的回油有一定背压，以提高运动平稳性	因泵的泄漏会造成液压缸进给速度不稳定，且低速承载能力较差，故只适用于负载变化不大或对速度稳定性要求不高的液压系统，如推土机、升降机、插床、拉床等
	变量泵与定量液压马达的调速回路	1—辅助泵；2—单向阀；3—变量泵；4—高压溢流阀（安全阀）；5—定量液压马达；6—低压溢流阀	通过改变变量泵3的输出流量来调节定量液压马达5的转速，高压溢流阀4在工作时是关闭的，由它限定回路的最大工作压力，作安全阀用。辅助液压泵1经单向阀2连续给低压油路补充液压油，以保持变量液压泵3的吸油口有一较低的压力（由低压溢流阀6调定），这样可以改善变量液压泵3的吸油性能，防止空气的渗入和产生气穴现象	这种回路效率高，输出转矩为恒定值，调速范围较大，但造价较高，液压元件的泄漏对速度的影响较大，主要用于负载转矩变化小、要求调速范围较大的驱动装置，如小型内燃机、液压起重机、船用绞车等
	定量泵与变量液压马达的调速回路	1—辅助泵；2—单向阀；3—定量泵；4—高压溢流阀（安全阀）；5—变量液压马达；6—低压溢流阀	定量泵3的输出流量为定值，通过调节变量液压马达5的排量来调节其转速。回路中其他液压元件的作用同上	效率高，输出功率恒定，适合于车辆和起重运输机械等具有恒功率负载特性的液压传动装置，能充分利用原动机的功率，节能，但调速范围小，若马达排量过低时会自锁，目前已很少单独使用

续表

分　类	图　例	工　作　原　理	特点及适用场合
变量泵与变量液压马达的调速回路	1—辅助泵；2—双向变量液压泵；3—双向变量液压马达；4—低压溢流阀；5—高压溢流阀（安全阀）；6、7、8、9—单向阀	此回路各液压元件对称布置。双向变量液压泵 2 可以正反向供油，双向变量液压马达 3 可以正反向旋转，辅助泵 1 由低压溢流阀 4 调定压力，并通过单向阀 6、7 给回路双向补充液压油，通过单向阀 8、9，高压溢流阀 5 能够在两个方向都起过载保护作用	具有调速范围较广，调速效率高的优点。但回路结构较复杂，适用于大功率场合

与节流调速相比，容积调速的主要优点是无溢流损失和节流损失，效率高，发热少。因而广泛用于工程机械、矿山机械、农业机械和大型机床等大功率液压系统。缺点是运动平稳性较差，且变量泵和变量液压马达的结构复杂，制造精度也要求较高，价格昂贵。对速度稳定性要求较高的液压系统，可采用容积节流调速回路。

任务2　半自动车床的进给速度控制

任务目标

- 认识调速阀与节流阀的区别。
- 掌握调速阀的结构及工作原理。
- 掌握调速阀在回路中的正确应用。
- 掌握速度换接回路，能将换接回路应用于各种场合。

任务呈现

如图 5-8 所示，液压半自动车床是一种生产效率比较高的设备。它可以完成产品的钻孔、扩孔、挖内槽以及车削内、外圆等多道工序。半自动车床进给装置在加工工件的过程中起到输送工件到加工位置的作用。它的工作过程是：快进→第一次工进→第二次工进→第三次工进→快退。其进给循环需要液压系统能够根据不同的运动要求，切换进给方向，并调节到合适的流量。特别要保证工进阶段的流量平稳。

从半自动车床的工作过程中可以看出，它需要完成快进，第一次工进之间、第二次工进与第三次工进之间的速度换接，并要求换接过程中油路平稳，这样才能保证工件加工时平稳，实现安全操作。

图 5-8　液压半自动车床

做一做 ••••

　　在任务 1 中已经学习过节流阀可以调节速度，但是节流阀的进、出油口压力会随着负载变化而变化，影响节流阀流量的均匀性，使执行机构速度不稳定。那么，试问：

1. 如何在调速的同时，使进、出油口压力差保持不变呢？
2. 试设计半自动车床的速度控制回路。

知识准备

　　在上节，我们提到节流阀的刚性较差，当节流调速回路的负载变化时，节流阀压差随之变化，流量也发生变化，即流量受负载变化影响，从而不能使执行元件速度保持稳定。

　　在速度稳定性要求高的场合，必须采取压力补偿的办法使节流阀前后的压差保持在一个稳定的值上，使流量不变。这种带压力补偿的流量阀称为调速阀。

一、调速阀

　　调速阀有两种具体结构：其一是将减压阀串联在节流阀之前，简称为调速阀；其二是将定压溢流阀与节流阀并联，称为溢流节流阀。

　　1. 串联减压式调速阀

　　调速阀与节流阀在结构上的区别如图 5-9 所示，在节流阀的基础上，增加了定差减压阀，两者串联。调速阀能保持流量稳定，主要是由于在节流阀之前串联了减压阀，而减压阀具有压力补偿作用，保证可调节流阀前后的压力差不受负载变化的影响，从而使通过节流阀的流量保持稳定，以满足执行元件的运动速度不受负载变化的影响。

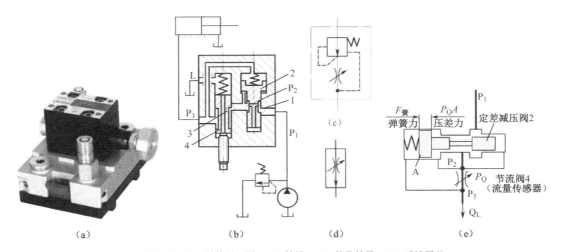

（a）实物图；（b）结构原理图；（c）符号；（d）简化符号；（e）反馈原理

图 5-9　调速阀

2．溢流节流阀

溢流节流阀的工作原理图和图形符号如图 5-10 所示，溢流节流阀与负载相并联，采用并联溢流式流量负反馈，可以认为它是由定差溢流阀和节流阀并联组成的组合阀。

如图 5-10（a）所示，来自液压泵的压力油，压力为 p_1，一部分经节流阀进入执行元件，另一部分则经溢流阀回油箱。节流阀的出口压力为 p_2，p_1 和 p_2 分别作用于溢流阀阀芯的两端，与上端的弹簧力相平衡。节流阀口前后的压差即为溢流阀阀芯两端的压差，溢流阀阀芯在液压作用力和弹簧力的作用下处于某一平衡位置。当执行元件负载增大时，溢流节流阀的出口压力 p_2 增大，于是作用在溢流阀阀芯上端的液压力增大，使阀芯下移，溢流口减小，溢流阻力增大，导致液压泵出口压力 p_1 增大，即作用于溢流阀阀芯下端的液压力随之增大，从而使溢流阀阀芯两端受力恢复平衡，节流阀口前后压差（$p_1 - p_2$）基本保持不变，通过节流阀进入执行元件的流量可保持稳定，而不受负载变化的影响。这种溢流节流阀上还附有安全阀，以免系统过载。

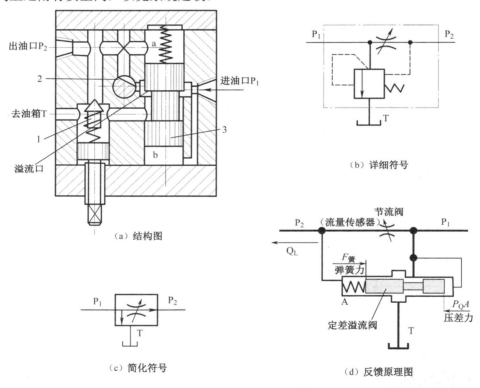

图 5-10　溢流节流阀

思考

试比较调速阀与溢流节流阀的异同。

解析:

1．调速阀应用范围较广。调速阀可安装在执行元件的进、回油路和旁油路上，而溢流节流阀只能安装在节流调速回路的进油路上组成进油路节流调速回路。

2．采用溢流节流阀的系统效率较高。

3．调速阀较溢流节流阀流量稳定性好。

二、调速阀式节流调速回路

使用节流阀的节流调速回路，速度负载特性都比较软，变载荷下的运动平稳性比较差。为了克服这个缺点，回路中的节流阀可用调速阀来代替。

如图 5-11 所示为由限压式变量叶片泵和调速阀组成的容积节流调速回路。通过调节调速阀节流口的大小，改变进入液压缸的流量，从而改变运动速度。若变量液压泵的输出流量大于调速阀调定的流量，液压泵和调速阀油路之间的油压就会升高，由限压式变量液压泵工作原理可知，通过压力反馈可使液压泵的输出流量自动减小，直至两者相等。反之，若变量液压泵的输出流量小于调速阀调定的流量，液压泵的出口压力就会下降，通过压力反馈可使液压泵的输出流量自动增大，直至两者相等，回路始终在这一稳定状态下工作。

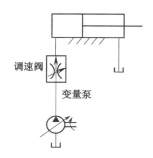

图 5-11　限压式变量泵与调速阀的容积节流调速回路

在容积节流调速回路中，泵的输出油量与系统的所需油量相适应，无溢流损失，因此效率高，发热小；同时，执行元件的运动速度由调速阀控制，因而运动平稳。故容积节流调速回路兼具了节流调速和容积调速两者的优点，适用于负载变化较大、要求速度稳定与高效率的场合。

三、速度换接回路

液压系统中时常不止一种速度，而在一些自动设备中，需要速度自动换接。这就需要用速度换接回路来实现运动速度的变换，即在原来设计或调节好的几种运动速度中，从一种速度换成另一种速度。对这种回路的要求是速度换接要平稳，即不允许在速度变换的过程中有前冲（即速度突然增加）现象。

常用的速度换接回路有两种：一是快速与慢速的换接回路；二是两种慢速的换接回路。下面就介绍其换接方法及特点。

（1）快速与慢速的换接回路

常用行程阀或电磁阀来实现快速运动与慢速工作进给运动的换接，但偶尔也有些特例，其工作原理及特点见表 5-5。

表 5-5　快速与慢速的换接回路

控制方法	图　例	工作原理	特　点
行程阀控制	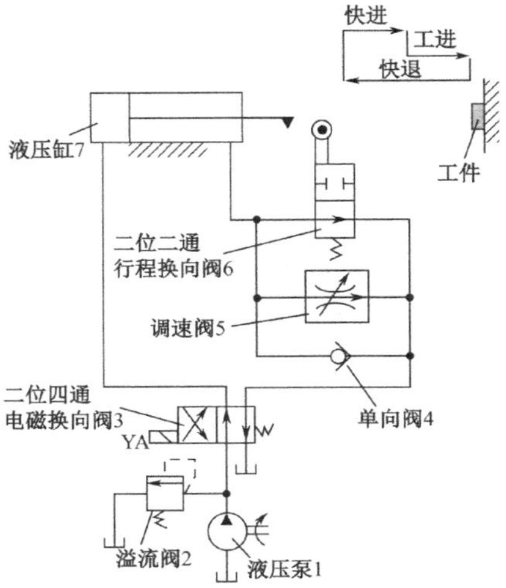	图示状态下，电磁铁 YA 断电，压力油经阀 3 进入液压缸 7 的左腔，右腔油液经行程阀 6 回油，液压缸快进；当运动部件上的挡块压下行程阀 6 时，行程阀关闭，液压缸右腔的油液必须通过调速阀 5 才能流回油箱，液压缸转为慢速工进。活塞回程时，不管行程阀 6 是否被压下，压力油都可以通过单向阀 4 进入缸的右腔，活塞快速退回	换接时的位置精度高，冲出量小，运动速度的变换较平稳，但行程阀必须安装在工作运动部件附近，否则，系统压力损失较大。此回路在机床液压系统中应用较多
电磁阀控制	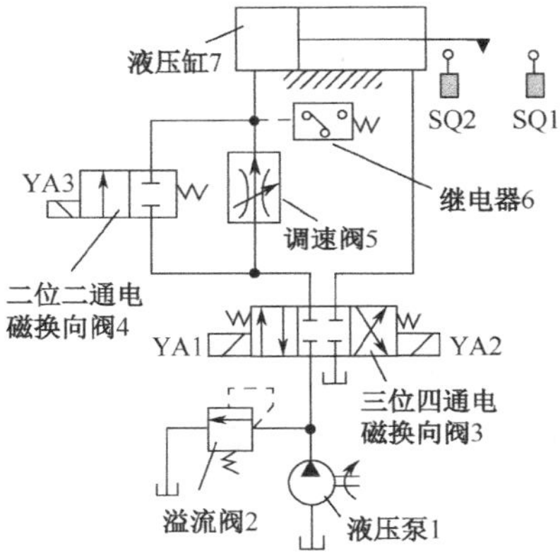	图中电磁铁 YA1、YA3 同时通电时，压力油经阀 4 进入液压缸 7 的左腔，活塞向右快进；当快速行程完毕时，运动部件上的挡块压下行程开关 SQ1，发出信号使 YA3 断电，阀 4 关闭，压力油经调速阀 5 进入液压缸 7 的左腔，活塞向右慢速工作进给。当液压缸工作行程完毕时，液压缸左腔压力升高，达到压力继电器的调定压力时，继电器发出信号使 YA2、YA3 通电，YA1 断电，液压缸快速退回。退至原位时，行程开关 SQ2 控制 YA2 断电，使液压缸停止运动	行程调节比较灵活，自动控制方便，应用广泛，但换接平稳性较差
液压缸本身	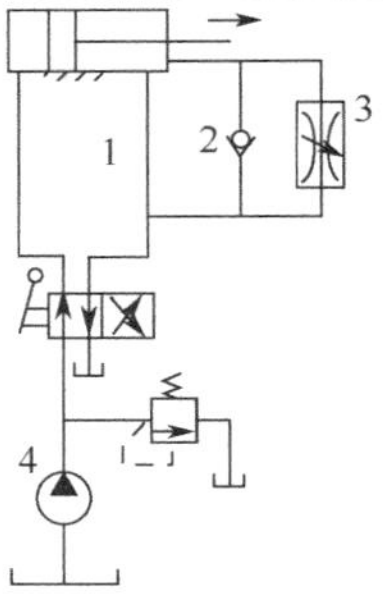	利用液压缸本身的管路连接实现速度换接的回路。在图示位置时，活塞快速向右移动，液压缸右腔的回油经油路 1 和换向阀流回油箱（差动连接）。当活塞运动到将油路 1 封闭后，液压缸右腔的回油须经节流阀 3 流回油箱，活塞则由快速运动变换为工作进给运动	回路结构简单，但液压缸结构复杂，且行程不能调节，应用范围窄

（2）两种慢速的换接回路

常用调速阀串联或并联来实现两种慢速工作进给的换接，其工作原理及特点见表 5-6。

114

表 5-6 两种慢速的换接回路

实现方法	图 例	工作原理	特 点
两调速阀串联	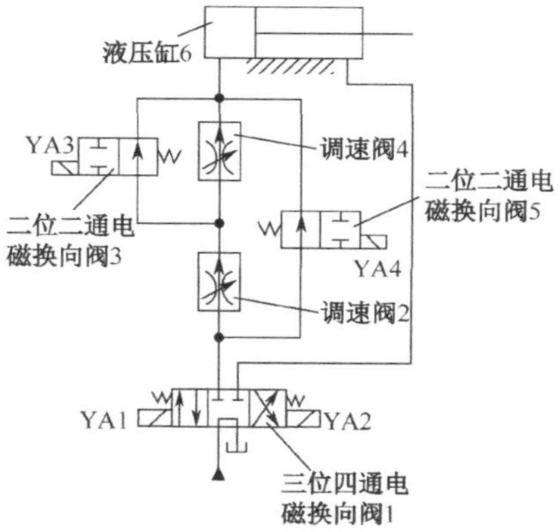	图中调速阀 2、4 串联在进油路上。当 YA1、YA4 通电时,压力油经阀 2、阀 3 进入液压缸 6 的左腔,右腔回油,由阀 2 调节第一次工进速度。当 YA1、YA3、YA4 同时通电时,压力油经阀 2、阀 4 进入液压缸左腔,右腔回油。由于阀 4 比阀 2 的开口小,因此由阀 4 调节的第二次工进速度比第一次工进速度慢。这里调速阀 4 的开口必须比调速阀 2 的开口小,否则调速阀 4 将不起作用	由于该回路在第二次工进时,油液通过两个调速阀,故能量损失较大
两调速阀并联	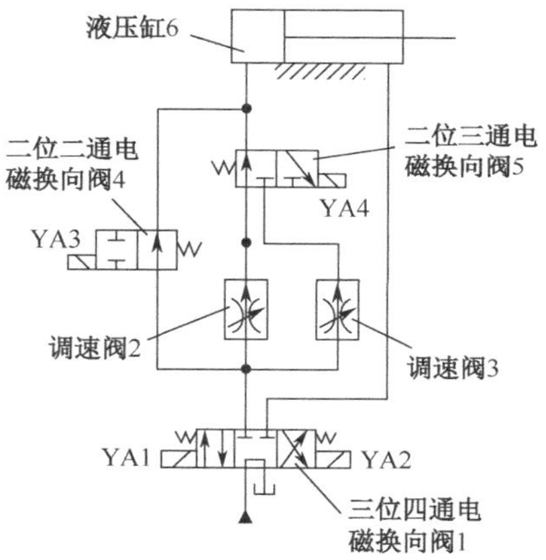	图中调速阀 2、3 并联在进油路上。当电磁铁 YA1、YA3 通电时,压力油经阀 2、阀 5 进入液压缸左腔,缸右腔回油,由阀 2 调节第一次工进速度。当 YA1、YA3、YA4 同时通电时,压力油经阀 3、阀 5 进入液压缸左腔,右腔回油。由阀 3 调节第二次工进速度	两个调速阀可单独调节,两速度互无限制。但当其中一个阀工作时,另一个阀无油液通过,一旦换接则油液大量通过此阀,液压缸会产生前冲现象。因此,该回路不适合于在工作过程中的速度换接,只可用在速度预选的场合
		当电磁铁 YA1、YA3 通电时,压力油经阀 3、阀 5 进入液压缸左腔,缸右腔回油,由阀 3 调节第一次工进速度。当 YA1、YA3、YA4 同时通电时,压力油经阀 2、阀 5 进入液压缸左腔,右腔回油。由阀 2 调节第二次工进速度	在这种回路中,由于两个调速阀始终处于工作状态,在速度转换时,不会出现进给部件的突然前冲现象,工作可靠。但是液压系统在工作中总有一定量的油液通过不起调速作用的那个调速阀流回油箱,造成能量损失。所以,在进给量比较大时不宜采用

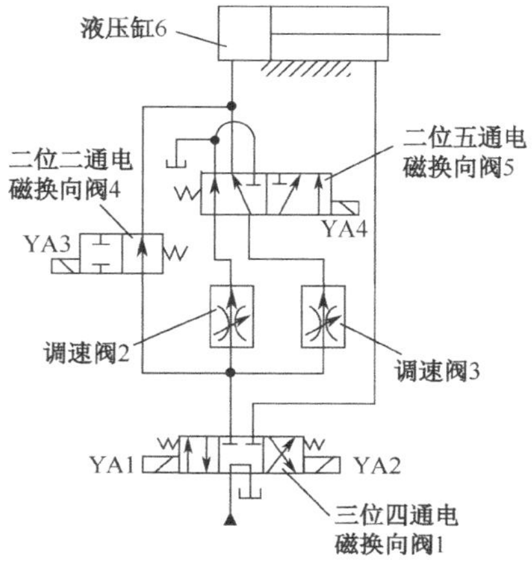

任务实施

工作任务

1. 通过学习或查阅资料，试述在液压系统中如何才能在调速的同时，使进、出油口压力差保持不变。

2. 试设计半自动车床刀具在工作中的速度控制回路。

【任务解析一】调速阀

在速度稳定性要求高的场合，必须采取压力补偿的办法使节流阀前后的压差保持在一个稳定的值上，使流量不变，即采用调速阀。

调速阀有两种具体结构：其一是将减压阀串联在节流阀之前，简称调速阀；其二是将定压溢流阀与节流阀并联，称为溢流节流阀。

调速阀在节流阀的基础上，增加了定差减压阀，保证可调节流阀前后的压力差不受负载变化的影响，从而使通过节流阀的流量保持稳定，以满足执行元件的运动速度不受负载变化的影响。

溢流节流阀是由定差溢流阀和节流阀并联组成的组合阀。当执行元件负载增大时，溢流节流阀的出口压力 p_2 增加，使阀芯下移，溢流口减小，溢流阻力增大，导致液压泵出口压力 p_1 增大，即作用于溢流阀阀芯下端的液压力随之增大，从而使溢流阀阀芯两端受力恢复平衡，而节流阀与其并联，故节流阀口前后压差（ $p_1 - p_2$ ）基本保持不变，通过节流阀进入执行元件的流量可保持稳定，而不受负载变化的影响。这种溢流节流阀上还附有安全阀，以免系统过载。

【任务解析二】半自动车床的速度控制回路设计

半自动车床工作循环过程是：快进→第一次工进→第二次工进→第三次工进→快退。要求完成多种速度之间的换接，并要求换接过程中油路平稳，这样才能保证工件加工时平稳，实现安全操作。

分析：

（1）因为使用在半自动车床中，执行元件负载变化大而运动要求稳定，应该选用调速阀，而工进过程中需要三种速度，从而需要三个调速阀；其切换，我们可以选用三位四通换向阀来实现换接，当电磁阀的左、中、右位分别接通时，调速阀 6、5、4 分别起作用，可以实现不同的工作速度，如图 5-12 所示。

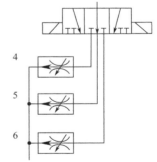

图 5-12　三种工作速度的换接设计

思考

在图 5-12 中我们为什么要采用此种三位四通换向阀，可以换成 O 型、H 型、M 型中位机能的换向阀吗？如果需要两种速度切换，则应该选择什么样的换向阀呢？

（2）半自动车床在加工过程中，当刀具刚穿透工件的一瞬间，由于刀架工作负荷的骤减，在压力油的作用下，整个刀架产生冲击。这样会大大影响产品质量，也会增加刀具损耗，另外在快退过程中，由于惯性也会产生明显冲击。

为了解决这个冲击问题，在油路中可采用一个减压阀来进行减速，防止在液压缸停止时的机械冲击，最终设计出半自动车床的进给装置速度控制回路如图 5-13 所示。

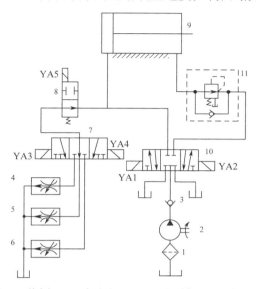

1—过滤器；2—单向阀；3—液压泵；4，5，6—调速阀；7—三位四通换向阀；

8—二位二通换向阀；9—液压缸；10—三位五通换向阀；11—单向减压阀

图 5-13 半自动车床的进给装置速度控制回路

回路分析：

快进：当 YA1、YA5 得电时，主控阀 10 左位接入系统，液压缸活塞杆向右伸出，液压缸开始实现向右快进过程，液压缸右腔的油液经过减压阀 11，再通过阀 10 流回至油箱。

第一次工进：当活塞向右移动到预定的工件开始加工位置时，YA5 失电，阀 8 弹簧复位，这时液压油从液压泵输出，流经阀 10，一部分油液进入液压缸左腔，另一部分则经过阀 8、阀 7 的中位，再经过阀 5，实现对油液的流量控制，进而来控制液压缸活塞的移动速度。再流经减速阀 12 流回至油箱，实现第一次工进。

第二、第三次工进：当 YA3 得电，阀 7 的左位接入系统，阀 4 开始工作，开始第二次工进过程。同样当 YA4 得电，阀 7 的右位接入系统，阀 6 开始工作，开始第三次工作进给，这样就实现了三次工进过程间的速度换接。

快退：当 YA2、YA5 得电，YA1、YA3、YA4 均不得电时，油液从液压泵输出，流经阀 11 中的单向阀进入液压缸的右腔，推动活塞向右移动，实现快退过程；而左腔的液压油则经过阀 10 的右位直接流回油箱，实现了进给装置的快退过程。

🕐 **思考**

> 观察图 5-13，想一想：
>
> 1. 本回路中采用了旁油路调速，有什么好处？
>
> **提示**：从机床负载的特点及三种调速回路的特点考虑。

思考

2. 回路中安装了一个减压阀，试说说其作用。

提示： 当第三次工进即将结束时，即当刀具即将穿透工件时，安装在床鞍上的撞块已与减压阀上的滚轮接触（两个减压阀都安装在机床的床身上），从而产生比原来三种速度中的任何一种都要慢的速度（这种速度可利用增加或减少撞块垫片的厚度来调节），这样基本上消除了工进时的冲击现象。

任务评价

通过以上学习，根据任务实施过程，将完成任务情况记录在表 5-7 中，完成任务评价。

表 5-7　半自动车床速度控制回路任务评价表

序　号	评 价 内 容	要　　求	自　评	互　评
1	掌握调速阀的工作原理及应用范围	能合理选择元件		
2	掌握各种速度换接回路，并能运用	能分析设备具体要求，设计换接回路		

任务3　油压机快速回路设计

任务目标

- 掌握差动连接在回路中的正确应用。
- 掌握各种快速回路的工作原理、特点，能根据设备要求设计较简单的快速回路。

任务呈现

前面提到油压机（图 5-14）在机械生产中应用广泛。为了提高生产效率，油压机工作部件常常要求实现空行程（或空载）的快速运动，这时要求液压系统流量大而压力低，这和工作运动时一般需要的流量较小和压力较高的情况正好相反。

图 5-14　油压机

对快速运动回路的要求主要是在快速运动时，尽量减小需要液压泵输出的流量，或者在加大液压泵的输出流量后，但在工作运动时又不致引起过多的能量消耗。

1. 液压系统中，有什么方法可以实现快速运动？
2. 试设计油压机的液压回路。

知识准备

快速运动回路的作用是使执行元件在空行程时做快速运动，提高生产效率。一般采用差动缸、双泵供油和蓄能器等来实现。

一、差动连接

差动连接是在不增加液压泵输出流量的情况下，来提高工作部件运动速度的一种快速回路，其实质是改变了液压缸的有效作用面积。这种方法既简单又经济。差动连接快速运动回路的工作原理及特点见表 5-8。

表 5-8 差动连接快速运动回路的工作原理及特点

差动形式	P 型中位机能换向阀控制	行程开关控制
图例	三位四通电磁换向阀（P型机能）	
工作原理	当三位四通换向阀处于中位时，液压泵同时接通液压缸两腔，由于无杆腔的有效工作面积比有杆腔的大，故活塞向右运动，有杆腔排出的回油只能进入无杆腔。这样，进入无杆腔的实际流量比单纯靠液压泵供油时要大，因而提高了活塞右行速度	当换向阀 3 处于左位时，液压泵 1 输出的压力油同缸右腔的油经 3 左位、缸 4 的回油经 5 下位，都进入液压缸 4 的左腔，实现了差动连接。当快速运动结束，行程阀 5 被压下时，此时泵的压力升高，阀 7 打开，液压缸 4 右腔的回油只能经调速阀 6 流回油箱，这时是工作进给。当换向阀 3 右端的电磁铁通电时，活塞向左快速退回（非差动连接）
特点及应用	既简单又经济的有效方法，应用广泛，但这种回路液压缸的增速有限，通常要与其他方法联合使用	相对左图速度换接较平稳

注：差动油路的换向阀和油管通道应按差动时的流量选择，不然流动液阻过大，会使液压泵的部分油从溢流阀流回油箱，速度减慢，甚至不起差动作用。

二、其他快速运动回路

差动连接不增加泵的供油量，而其他快速回路主要是增加供油途径：一是双泵供油，一是蓄能器供油。具体的回路工作原理及特点见表 5-9。

表 5-9　常见快速运动回路的工作原理及特点

回路名称	双泵供油快速运动回路	采用蓄能器快速运动回路
图例	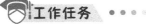	
工作原理	执行元件空载时，液压系统的压力低于液控顺序阀 3 的调定压力，阀 3 关闭，泵 2 输出的油经单向阀 4 与泵 1 输出的油汇集在一起进入液压缸，从而实现快速运动。当执行元件工作进给时，系统压力升高至液控顺序阀 3 的调定压力，阀 3 打开，单向阀 4 关闭，泵 2 的油经阀 3 回油箱，泵 2 处于卸荷状态，由泵 1 单独向系统供油，实现慢速工作进给。系统压力由溢流阀 5 调定	当液压缸 6 停止运动时，换向阀 5 处于中位，这时液压泵 1 经单向阀 2 向蓄能器 4 充油。当蓄能器内的油压到达液控顺序阀 3 的调定压力时，阀 3 被打开，使泵卸荷。当换向阀 5 处于左位或右位时，泵和蓄能器同时向液压缸供油，实现快速运动
特点及应用	功率利用合理，效率高，但回路较复杂，成本较高，适用于快、慢速差值较大的液压系统	可用较小流量的液压泵获得较高的运动速度，但蓄能器充油时液压缸必须停止工作，浪费时间。它适用于短时间需要大流量的液压系统

任务实施

工作任务 ● ● ● ●

1. 液压系统中，有什么方法可以实现快速运动？
2. 试设计油压机的液压回路。

【任务解析一】快速运动

快速运动回路的作用是使执行元件在空行程时做快速运动，提高生产效率。一般采用差动缸、双泵供油和蓄能器等来实现。

差动连接快速回路是在不增加液压泵输出流量的情况下，来提高工作部件运动速度的一种快速回路，其实质是改变了液压缸的有效作用面积。这种方法既简单又经济。

双泵供油快速回路是在需要快速运动时临时启动一个低压大流量泵，来增加运动速度。

在系统中安装蓄能器，则是在闲时泵将蓄能器充满，在需要时由它向回路补充大量的低压液压油，从而促进快速运动。

【任务解析二】油压机快速回路设计

在常见的三种快速回路中，差动连接回路结构简单，但快慢换接速度不太平稳；而双泵快速回路功率利用合理，效率较高，缺点是回路较复杂，成本较高，常用在快慢速差值较大的组合油压机、注塑机等设备的液压系统中；蓄能器快速回路可用较小流量的液压泵获得较高的运动速度，而其缺点是蓄能器充油时，液压缸须停止工作，在时间上有些浪费。

为了提高生产效率，油压机工作部件常常要求实现空行程（或空载）的快速运动，提高生产效率。又由于油压机负载较大，综合考虑，选用双泵式比较合适，因此，油压机的快速运动回路如图 5-15 所示。

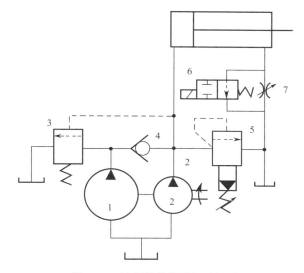

图 5-15　油压机的快速运动回路

回路分析：液压泵 2 为高压小流量泵，其流量应略大于最大工进速度所需要的流量，其工作压力由溢流阀 5 调定。泵 1 为低压大流量泵（两泵的流量也可相等），其流量与泵 1 流量之和应等于液压系统快速运动所需要的流量，其工作压力应低于液控顺序阀 3 的调定压力。空载时，液压系统的压力低于液控顺序阀 3 的调定压力，阀 3 关闭，泵 2 输出的油液经单向阀 4 与泵 1 输出的油液汇集在一起进入液压缸，从而实现快速运动。当系统承受负载时，系统压力升高至大于阀 3 的调定压力，阀 3 打开，单向阀 4 关闭，泵 2 的油经阀 3 流回油箱，泵 2 处于卸荷状态。此时系统仅由小泵 1 供油，实现慢速工作进给，其工作压力由阀 5 调节。

❓思考

在图 5-15 中，元件 6 和元件 7 有什么作用？

任务评价

通过以上学习，根据任务实施过程，将完成任务情况记录在表 5-10 中，完成任务评价。

表 5-10　动力元件的选择任务评价表

序　号	评　价　内　容	要　　求	自　评	互　评
1	能理解并说明各种快速回路的工作原理及性能特点	能合理选择快速回路		
2	掌握各种快速回路	能分析设备具体要求，设计快速回路		

项目总结

1．流量控制阀是液压系统中的调速元件。它通过改变阀口的通流面积调节液压系统中的油液流量，从而调节执行元件（液压缸或液压马达）的运动速度。常用的流量阀有节流阀和调速阀等。通过节流阀的流量受负载的变化而变化。调速阀由定差减压阀和节流阀串联而成，通过调速阀的流量不受负载的变化而变化。

2．速度控制回路是用来控制调节执行元件运动速度的，是液压系统中应用最多的一种基本回路，它包括调速回路、快速运动回路和速度换接回路。

3．在常见的三种快速回路中，差动连接回路结构简单，但快慢换接速度不太平稳；而双泵快速回路功率利用合理，效率较高，缺点是回路较复杂，成本较高，常用在快慢速差值较大的组合油压机、注塑机等设备的液压系统中；蓄能器快速回路可用较小流量的液压泵获得较高的运动速度，而其缺点是蓄能器充油时，液压缸须停止工作，在时间上有些浪费。

课后练习

一、填空题

1．流量控制阀是液压系统中的_____元件。它通过改变阀口的_____调节液压系统中的油液流量，从而调节执行元件的_____。常用的流量阀有_____和_____等。

2．调速阀是由一个_____阀和一个可调节流阀串联组合而成。

3．速度控制回路是用来控制调节执行元件的_____，它包括_____回路、_____快速回路和_____回路。

4．写出图 5-16 所示液压图形符号的名称。

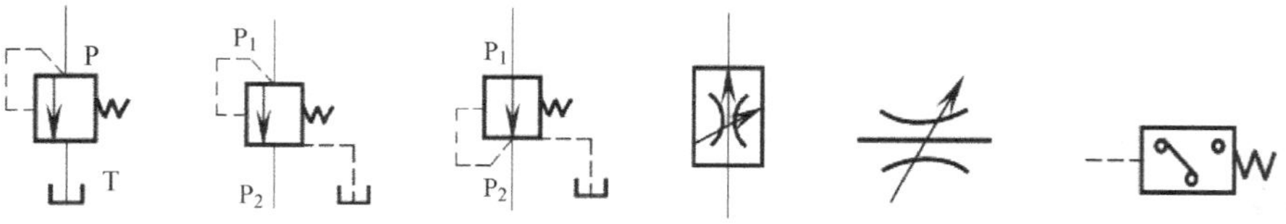

（a）_____；（b）_____；（c）_____；

（d）_____；（e）_____；（f）_____。

图 5-16　液压图形符号

5．限压式变量泵和调速阀的调速回路，泵的流量与液压缸所需流量_____，泵的工作压力_____；而差压式变量泵和节流阀的调速回路，泵输出流量与负载流量_____，泵的工作压力等于_____加节流阀前后压力差，故回路效率高。

二、判断题

1．流量阀的作用是使系统多余的油液溢流回油箱。　　　　　　　　　　（　　）

2．在定量泵供油的系统中，节流阀只有与溢流阀并联使用时，才能起节流调速作用。　　　　　　　　　　　　　　　　　　　　　　（　　）

3．回油节流调速回路与进油节流调速回路的调速特性相同。　　　　　（　　）

4．通过节流阀的流量与节流阀口的通流面积成正比，与阀两端的压差大小无关。　　　　　　　　　　　　　　　　　　　　　　　　（　　）

5．如果只用节流阀进行调速，执行元件的速度随负载的变化而变化。（　　）

6．调速阀能满足速度稳定性要求高的场合。　　　　　　　　　　　　（　　）

7．容积调速回路中的溢流阀起溢流稳压作用。　　　　　　　　　　　（　　）

三、选择题

1．为改善节流调速回路中执行元件的速度稳定性，可采用（　　）调速。

　　A．节流阀　　　　　B．调速阀　　　　　C．溢流阀

2．用同样定量泵、节流阀、溢流阀和液压缸组成下列几种节流调速回路，（　　）能够承受负值负载，（　　）的速度刚性最差，而回路效率最高。

　　A．进油节流调速回路

　　B．回油节流调速回路

　　C．旁路节流调速回路

3．用两个调速阀来实现两种工作进给速度换接的回路，两个调速阀可（　　）。

　　A．串联　　　　　　B．并联　　　　　　C．串联或并联

4．在功率不大，但载荷变化较大、运动平稳性要求较高的液压系统中，应采用（　　）节流调速回路。

　　A．进油　　　　　　B．回油　　　　　　C．旁路

5．速度控制回路一般是采用改变进入执行元件的（　　）来实现。

　　A．压力　　　　　　B．流量　　　　　　C．功率

6．液压系统有两个或两个以上的液压缸，在运动时要求保持相同的位移或速度，或以一定的速比运动时，应采用（　　）。

　　A．调速回路　　　　B．同步回路　　　　C．调压回路

7．在下面几种调速回路中，（　　）中的溢流阀是安全阀，（　　）中的溢流阀是稳压阀。

　　A．定量泵和调速阀的进油节流调速回路

　　B．定量泵和旁通型调速阀的节流调速回路

　　C．定量泵和节流阀的旁路节流调速回路

　　D．定量泵和变量马达的闭式调速回路

8. 当控制阀的开口一定，阀的进、出口压力差 $\Delta p < (3\sim5)\times10^5$ Pa 时，随着压力差 Δp 变小，通过节流阀的流量（　　）；通过调速阀的流量（　　）。

    A．增加　　　　　　B．减少　　　　　　C．基本不变　　　　　　D．无法判断

9. 当控制阀的开口一定，阀的进、出口压力差 $\Delta p > (3\sim5)\times10^5$ Pa 时，随着压力差 Δp 增加，压力差的变化对节流阀流量变化的影响（　　）；对调速阀流量变化的影响（　　）。

    A．越大　　　　　　B．越小　　　　　　C．基本不变　　　　　　D．无法判断

10. 当控制阀的开口一定，阀的进、出口压力相等时，通过节流阀的流量为（　　）；通过调速阀的流量为（　　）。

    A．0　　　　　　　B．某调定值　　　　　C．某变值　　　　　　D．无法判断

11. 在回油节流调速回路中，节流阀处于节流调速工况，系统的泄漏损失及溢流阀调压偏差均忽略不计。当负载 F 增加时，泵的输入功率（　　），缸的输出功率（　　）。

    A．增加　　　　　　　　　　　　　B．减少

    C．基本不变　　　　　　　　　　　D．可能增加也可能减少

12. 在调速阀旁路节流调速回路中，调速阀的节流开口一定，当负载从 F_1 降到 F_2 时，若考虑泵内泄漏变化因素时液压缸的运动速度 v（　　）；若不考虑泵内泄漏变化因素时，缸运动速度 v 可视为（　　）。

    A．增加　　　　　　B．减少　　　　　　C．不变　　　　　　D．无法判断

13. 在定量泵—变量马达的容积调速回路中，如果液压马达所驱动的负载转矩变小，若不考虑泄漏的影响，试判断马达转速（　　）；泵的输出功率（　　）。

    A．增大　　　　　　B．减小　　　　　　C．基本不变　　　　　　D．无法判断

14. 在限压式变量泵与调速阀组成的容积节流调速回路中，若负载从 F_1 降到 F_2 而调速阀开口不变时，泵的工作压力（　　）；若负载保持定值而调速阀开口变小时，泵工作压力（　　）。

    A．增加　　　　　　B．减小　　　　　　C．不变

15. 在差压式变量泵和节流阀组成的容积节流调速回路中，如果将负载阻力减小，其他条件保持不变，泵的出口压力将（　　），节流阀两端压差将（　　）。

    A．增加　　　　　　B．减小　　　　　　C．不变

四、计算题

阅读图 5-17 所示液压系统，完成如下任务：

（1）写出元件 1～7 的名称及在系统中的作用。

（2）填写电磁铁动作顺序表 5-11（通电用"＋"表示，断电用"－"表示）。

（3）分析系统由哪些液压基本回路组成。

（4）写出快进时的油流路线。

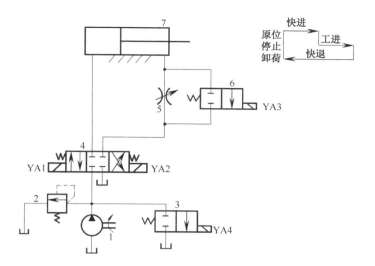

图 5-17

表 5-11 电磁铁动作顺序表

电磁铁 动作	YA1	YA2	YA3	YA4
缸快进				
缸工进				
缸快退				
缸原位停止、泵卸荷				

项目 6 液压系统分析与维护保养

项目描述

　　液压设备通常是由机械、液压、电气装置等组合而成的，结构复杂，元件繁多，能看懂液压系统原理图，对各个元件的作用的了解，有助于充分、合理使用机器，提高设备工作效率，减少故障，延长使用寿命。

　　本项目主要讲解液压系统的分析和液压设备常见故障的原因及应对措施、日常护理。

任务 1　YT4543 型液压动力滑台液压系统分析

任务目标

- 掌握识读较复杂的液压传动系统图基本步骤。
- 掌握复杂液压系统的基本回路的分析方法。
- 掌握复杂液压系统的工作过程分析。
- 了解液压传动设备安全操作规程。

任务呈现

　　组合机床是一种由通用部件（如动力头、动力滑台、床身、立柱等）和部分专用部件（如专用动力箱、专用夹具）组合而成的高效的、工序集中的专用机床，如图 6-1（a）所示。能完成钻、镗、铣、刮端面、倒角、攻螺纹等加工和工件的转位、定位、夹紧、输送等动作。具有加工能力强、自动化程度高、经济性好等优点，广泛应用于大批量生产的机械加工流水线中。

　　YT4543 型液压动力滑台是应用在组合机床中的一种典型的液压动力滑台，如图 6-1（b）所示，它完成组合机床的进给运动。其在工作过程中有多种运动和负载变化要求，因此，液压动力滑台应满足进给速度稳定、速度换接平稳、系统效率高、发热小等要求。

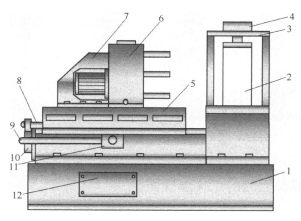

（a）卧式组合机床结构图

（b）液压动力滑台实物图

1—床身；2—被加工工件；3—夹具；4，10—液压缸；5—液压动力滑台；

6—主轴箱；7—动力箱；8—回油管；9—进油管；11—调速阀；12—电气箱

图 6-1　卧式组合机床结构图及液压滑台实物图

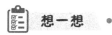
想一想 ● ● ● ●

　　YT4543 型液压动力滑台如图 6-1（b）所示，它由液压缸驱动，在电气和机械装置的配合下实现工作循环：快进——工进——二工进——止挡块停留——快退——原位停止。液压动力滑台的液压传动系统是怎样实现这些运动呢？

　　（1）试分析 YT4543 型动力滑台的液压系统由哪些基本回路组成。

　　（2）系统中有三个单向阀，试述它们各自的作用。

　　（3）试分析 YT4543 型动力滑台液压系统的特点。

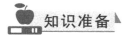
知识准备

一、识读并分析较复杂的液压传动系统图的基本步骤

　　液压传动系统图是表示该系统的执行机构所实现动作的工作原理图。在液压传动系统图中各个液压元件及它们之间的连接或控制方式，均按规定的符号（图形符号或结构式符号）画出。正确阅读液压传动系统图，对于液压设备的正确使用、调试、检修和排除故障都有重要的作用。

　　分析和阅读比较复杂的液压传动系统图，一般可以按以下的方法和步骤进行。

　　（1）了解液压设备的功用及对液压系统动作和性能的要求。

　　（2）初步分析液压传动系统图，以执行元件为中心，将系统分解为若干子系统。

　　（3）对每个子系统进行分析：分析组成子系统的基本回路及各液压元件的作用；按执行元件的动作要求，参照电磁线圈的动作顺序表，分析实现每步动作的进油和回油路线，读懂此子系统。

　　（4）根据系统中对各执行元件之间的顺序、同步、互锁、防干扰或联动等要求分析各子系统之间的联系，弄懂整个液压系统的工作原理。

　　（5）全面读懂整个系统后，归纳总结整个系统有哪些特点。

二、液压系统的分析

读懂液压传动系统图后，即可对液压系统做进一步的分析，这样才能评价液压系统性能的优缺点，使液压系统的性能能够不断完善。

（1）液压基本回路的确定是否符合主机的动作要求。

（2）各主油路之间、主油路与控制油路之间有无矛盾和干涉现象。

（3）液压元件的代用、变换和合并是否合理、可行。

（4）液压系统性能的改进方向。

三、YT4543 型动力滑台液压系统回路的工作原理图

YT4543 型动力滑台是一种使用广泛的通用液压动力滑台，该滑台由液压缸驱动，在电气和机械装置的配合下可以实现多种自动加工工作循环。该动力滑台液压系统最高工作压力可达 6.3MPa，属于中低压系统。

图 6-2 所示为 YT4543 型动力滑台的液压系统工作原理图，该系统采用限压式变量泵供油、电液换向阀换向、快进由液压缸差动连接来实现。其中，用行程阀 11 实现快进与工进的转换，二位二通电磁换向阀 12 用来进行两个工进速度之间的转换，为了保证尺寸精度，采用了止挡块停留来限位；用电液换向阀 6 来控制液压缸的换向，而该阀由电磁换向阀、液控换向阀两大部分组成，电磁换向阀为先导阀，液控换向阀为主阀，后面所说电液换向阀 6 均指其主阀。

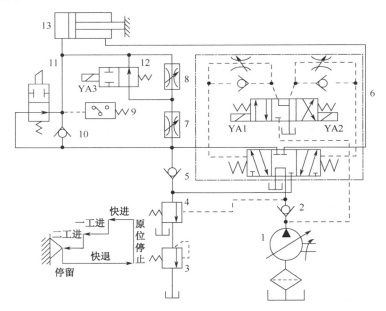

1—限压式变量叶片泵；2，5，10—单向阀；3—背压阀；4—液控顺序阀；6—电液换向阀；

7，8—调速阀；9—压力继电器；11—行程阀；12—电磁换向阀；13—液压缸

图 6-2　YT4543 型动力滑台的液压系统工作原理图

YT4543 型动力滑台的液压系统在工作过程中换向阀各电磁铁和行程阀的动作顺序如表 6-1 所示，我们一般要结合此顺序表来进行分析。

表 6-1 YT4543 型动力滑台电磁铁和行程阀动作顺序表

元件 \ 动作	快 进	一工进	二工进	止挡块停留	快 退	原位停止
YA1	+	+	+	+	−	−
YA2	−	−	−	−	+	−
YA3	−	−	−	−	−	−
压力继电器 9				+		
行程阀 11	−	+	+	+	+/−	

注："+"表示换向阀通电、行程阀被压下；"−"表示换向阀断电、行程阀复位。

【工作原理分析】

在该液压系统中只有一个带动动力滑台的液压缸 13，下面就结合动力滑台的动作要求来分析该液压回路的工作原理。通常实现的工作循环为：快进→第一次工作进给→第二次工作进给→止挡块停留→快退→原位停止。

（1）快进。

按下启动按钮，电磁铁 YA1 通电，阀 6 中的先导电磁阀左位接入系统，由泵 1 输出的压力油经先导电磁阀进入电液换向阀 6 的左侧，使电液换向阀 6 换至左位，电液换向阀 6 右侧的控制油经先导电磁阀回油箱，如图 6-3 所示。

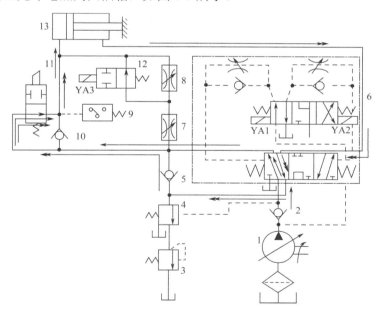

图 6-3 YT4543 型动力滑台快进回路工作原理图

进油路：变量泵 1→单向阀 2→电液换向阀 6 左位→行程阀 11 下位→液压缸左腔；

回油路：液压缸右腔→电液换向阀 6 左位→单向阀 5→行程阀 11 下位→液压缸左腔。

形成差动连接，液压缸完成快进。

（2）第一次工作进给。

当滑台快速运动到预定位置时，滑台上的行程挡块压下了行程阀 11 的阀芯，断开了该油路，即切断快进油路，此时电磁铁 YA3 处于断电状态，使压力油须经调速阀 7、电磁换向阀 12 进入液压缸的左腔。由于油液流经调速阀 7，系统压力上升，打开液控顺序阀 4，此时单向阀 5 的上部压力大于下部压力，所以单向阀 5 关闭，切断了液压缸的差动回路，回油经液控顺序阀 4 和背压阀 3 流回油箱，如图 6-4 所示。

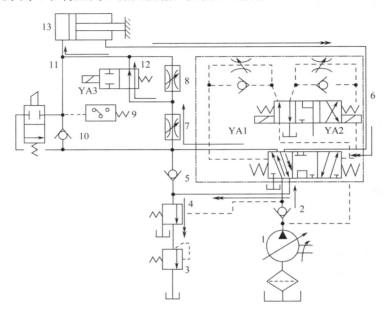

图 6-4　YT4543 型动力滑台第一次工作进给回路工作原理图

进油路：变量泵 1→单向阀 2→电液换向阀 6 左位→调速阀 7→电磁阀 12 右位→液压缸左腔；

回油路：液压缸右腔→电液换向阀 6 左位→外控顺序阀 13→背压阀 14→油箱。

因为工作进给时系统压力升高，所以变量泵 1 的输油量便自动减小，以适应工作进给的需要，进给速度的快慢由调速阀 7 调节。

（3）第二次工作进给。

第一次工作进给结束后，行程挡块压下行程开关使电磁铁 YA3 通电，二位二通换向阀 12 将通路切断，进油必须经调速阀 7、8 才能进入液压缸，此时由于调速阀 8 的开口量小于阀 7，所以进给速度再次降低。

这时系统中油液的流动油路是：

进油路：变量泵 1→单向阀 2→电液换向阀 6 左位→调速阀 7→调速阀 8→液压缸左腔；

回油路：与第一次工作进给的回油路相同。

（4）止挡块停留。

当滑台工作进给完成之后，碰上止挡块不再前进，停留在止挡块处，此时，油路状态保持不变，泵 1 仍在继续运转，使系统压力将不断升高，引起压力继电器 9 动作并发信号给时间继电器，经过时间继电器的延时处理，使滑台停留一小段时间后再返回。滑台在止挡铁处的停留时间可通过时间继电器灵活调节。

（5）快退。

时间继电器经延时发出信号，YA2 通电，YA1、YA3 断电。先导换向阀的右位接入控制油路，使电液换向阀 6 右位接入主油路。由于此时滑台没有外负载，系统压力下降，限压式变量液压泵 1 的流量又自动增至最大，液压缸右腔进油、左腔回油，使滑台实现快速退回。

进油路：变量泵 1→单向阀 2→电液换向阀 6 右位→液压缸右腔；

回油路：液压缸左腔→单向阀 10→电液换向阀 6 右位→油箱。

（6）原位停止。

当滑台快速退回到原位时，另一个行程挡块压下终点行程开关，使电磁铁 YA2 断电，先导换向阀 6 在对中弹簧作用下处于中位，电液换向阀 6 左右两边的控制油路都通油箱，因而电液动换向阀 6 也在其对中弹簧作用下回到中位，液压缸两腔封闭，滑台停止运动，泵 1 卸荷。此时，系统中油液的流动情况如下。

卸荷油路：变量泵 1→单向阀 2→电液换向阀 6 中位→油箱。

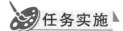
任务实施

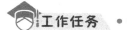
工作任务 ● ● ● ●

1. 试分析 YT4543 型动力滑台液压系统由哪些基本回路组成。
2. 系统中有三个单向阀，试述它们各自的作用。
3. 试分析 YT4543 型动力滑台液压系统的特点。

【任务解析一】YT4543 型动力滑台液压系统中的基本回路

YT4543 型动力滑台液压系统主要由下列基本回路组成。

（1）调速回路。

由限压式变量泵 1 和调速阀 7、8 组成的容积节流调速回路。

（2）快速运动回路。

由差动连接实现快速运动回路。

（3）换向回路。

由电液动换向阀 6 组成的换向回路。

（4）速度换接回路。

由行程阀 11 和电磁换向阀 12 形成的速度换接回路。

（5）二次进给回路。

由调速阀 7、8 串联实现的二次进给回路。

（6）卸荷回路。

采用 M 型中位机能换向阀的卸荷回路。

【任务解析二】单向阀的作用

系统中有三个单向阀（2、5、10），在不同位置，功能各不相同。它们的作用分别如下：

单向阀 2——保护液压泵免受液压冲击，并在系统卸荷时使电液动换向阀的先导控制油路有一定的控制压力，以确保实现换向动作。

单向阀 5——在工进时隔离进油路和回油路。

单向阀 10——确保实现快退。

【任务解析三】YT4543 型动力滑台液压系统的特点

YT4543 型动力滑台液压系统的特点如下。

（1）采用限压式变量泵 1 和调速阀 7、8 组成的容积节流进油路调速回路，并在回油路上设置了背压阀，使动力滑台能获得稳定的低速运动、较好的调速刚性和较大的工作速度调节范围。

（2）采用限压式变量泵 1 和差动连接回路，快进时能量利用比较合理；工进时只输出与液压缸相适应的流量；止挡块停留时，变量泵 1 只输出补偿泵及系统内泄漏所需要的流量。系统无溢流损失，效率高。

（3）采用行程阀 11 和液控顺序阀 4 实现快进与工进的速度切换，动作平稳可靠、无冲击，转换位置精度高。两个工进之间的换接由于两者速度较低，采用二位二通电磁阀完全保证了换接精度。

（4）在第二次工作进给结束时，采用止挡块停留，这样，动力滑台的停留位置精度高，适用于镗端面、镗阶梯孔、锪孔、锪平面等工序。

（5）由于采用调速阀 7、8 串联的二次进给进油路节流调速方式，可使启动和进给速度转换时的前冲量较小，并有利于利用压力继电器 9 发出信号进行自动控制。

任务评价

通过以上学习，根据任务实施过程，将完成任务情况记录在表 6-2 中，完成任务评价。

表 6-2　任务评价表

序　号	评 价 内 容	要　　求	自　评	互　评
1	能准确理解液压回路的功能、液压系统动作，掌握阅读液压系统图的方法与步骤	顺序正确，思路清晰		
2	能够以执行元件为中心，将系统分解为若干子系统，能分析出各个基本回路，能指出各基本回路中的核心元件的作用	化整为零，准确清晰		
3	按执行元件的工作循环，分析实现每步动作的进油和回油路线	确定每步动作的进油和回油路线，有助于故障的排查		
4	归纳出液压设备的特点和使设备正常工作的要领	能判断元件使用是否恰当，能否改善		

知识拓展

液压传动设备安全操作规程

一、开机前准备工作

（1）工作前应检查油标、油量是否正常，油温、油压是否在允许的最低值以上，各阀门手柄是否在规定位置上。

（2）油泵启动后应检查各油压表压力是否正常，油泵运转是否有异常声响，水管中是否有冷却水。校正机油泵启动时应注意电流是否正常，各管路接头是否有漏油现象。

（3）工作中应注意工作压力是否正常，各运动部分是否正常，各润滑油路是否畅通。

（4）定期检查液压油的清洁度，发现污染及时更换。

二、开机后操作注意事项

（1）要密切注意系统的压力和执行机构的变化，若出现异常立即关闭电源，故障排除后方可继续进行。

（2）系统工作时，需要调整压力时，要缓慢逐级加高压力。

（3）系统工作时，不可随意插拔系统元件和电气元件。

（4）系统工作时，精力要集中，不准随意走动、换岗、打闹。

任务 2　YA32-200 型四柱万能液压机液压系统的分析与维护

任务目标

- 分析 YA32-200 型四柱万能液压机液压系统；
- 熟悉 YA32-200 型四柱万能液压机的动作原理和系统功能；
- 掌握液压系统的日常维护知识。

任务呈现

在项目 2 中，我们提到液压机通过液压系统产生很大的静压力实现对金属材料压制翻边、弯形、拉伸成型等加工。如图 6-5 所示为 YA32-200 型四柱万能液压机，它主要由横梁、导柱、工作台、上滑块和下滑块顶出机构等部件组成。

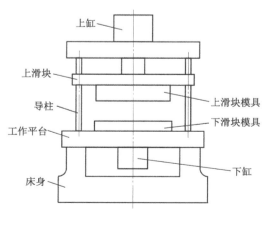

（a）结构图

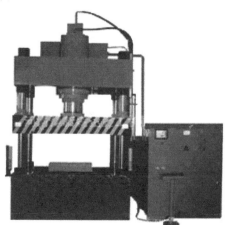

（b）实物图

图 6-5　YA32-200 型四柱万能液压机

液压机的主要运动是上滑块机构和下滑块顶出机构的运动，上滑块机构由主液压缸（上缸）驱动，顶出机构由辅助液压缸（下缸）驱动。液压机的上滑块机构通过四个导柱导向、主缸驱动，实现上滑块机构"快速下行→慢速加压→保压延时→快速回程→原位停止"的动作循环。下缸布置在工作台中间孔内，驱动下滑块顶出机构实现"向上顶出→向下退回"或"浮动压边下行→停止→顶出"的两种动作循环，如图6-6所示。

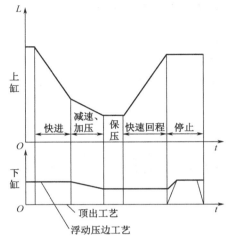

图6-6 液压机的工作循环

想一想

1. 试分析液压机液压系统的工作原理。
2. 液压系统平时该如何维护保养工作，从而使液压机保持良好的工作状态呢？
3. 当系统出现故障时我们该如何排除故障？

知识准备

我们要掌握分析液压系统的原理，一般先需要找到设备的液压传动系统图及电磁铁动作顺序表（主要适用于电磁控制的情况）。

一、YA32-200型四柱万能液压机液压传动系统图

如图6-7所示为YA32-200型四柱万能液压机液压传动系统图。该系统采用"主、辅泵"供油方式，主液压泵1是一个高压、大流量、恒功率控制的压力反馈变量柱塞泵，远程调压阀4控制高压溢流阀3限定系统的最高工作压力，其最高压力可达32MPa；辅助泵2是一个低压小流量定量泵（与主泵组成单轴双联结构），其作用是为电液换向阀和液控单向阀的正确动作提供控制油源，泵2的压力由低压溢流阀5调定。液压机工作的特点是上缸竖直放置，当上滑块组件没有接触到工件时，系统为空载高速运动，当上滑块组件接触到工件后，系统压力急剧升高，且上缸的运动速度迅速降低，直至为零，进行保压。

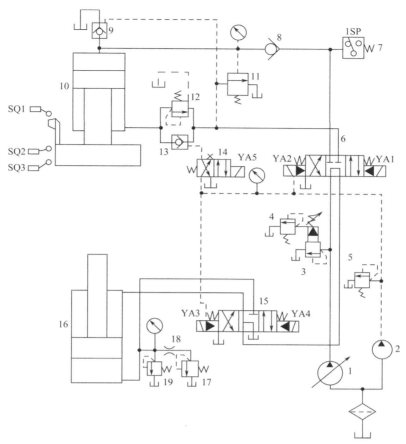

1—恒功率变量泵；2—辅助泵；3，5—溢流阀；4—远程调压阀；6，15—电液换向阀；

7—压力继电器；8—单向阀；9—带卸载阀芯充液阀；10—上缸；11—带阻尼孔卸荷阀；

12、17—背压阀；13—液控单向阀；14—电磁阀；16—下缸（顶出缸）；18—节流器；19—安全阀

图 6-7　YA32-200 型四柱万能液压机液压传动系统图

💭 思考

1. 系统中上、下两缸的动作协调是如何实现的？

提示：换向阀。

2. 试说说液控单向阀 13、背压阀 12 的作用。

二、YA32-200 型四柱万能液压机液压系统的电磁铁动作顺序

YA32-200 型四柱万能液压机液压系统的电磁铁动作顺序如表 6-3 所示。

表 6-3　YA32-200 型四柱万能液压机液压系统的电磁铁动作顺序表

动 作 程 序		YA1	YA2	YA3	YA4	YA5
上缸	快速下行	+	−	−	−	+
	慢速加压	+	−	−	−	−
	保压	−	−	−	−	−

续表

动 作 程 序		YA1	YA2	YA3	YA4	YA5
上缸	泄压回程	-	+	-	-	-
	停止	-	-	-	-	-
下缸	顶出	-	-	+	-	-
	退回	-	-	-	+	-
	压边	+	-	-	-	-
	停止	-	-	-	-	-

注："+"表示电磁铁通电；"-"表示电磁铁断电。

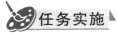
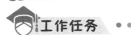

1. 试分析液压机的液压系统工作原理。
2. 液压系统平时该如何进行维护保养工作，从而使液压机保持良好的工作状态呢？

【任务解析一】YA32-200 型四柱万能液压机液压系统分析

运用前面所学的知识，按照正确的步骤和方法去解读 YA32-200 型四柱万能液压机液压传动系统图，从而掌握整个液压系统的工作原理。这对正确使用、维护和修理四柱万能液压机具有很大的帮助。

下面依照液压机工作循环一次来分析液压系统的工作原理。

1. 启动

按下启动按钮，主泵 1 和辅助泵 2 同时启动，此时系统中所有电磁铁均处于失电状态，主泵 1 输出的油经电液换向阀 6 中位及阀 15 中位流回油箱处于卸荷状态，辅助泵 2 输出的油液经低压溢流阀 5 流回油箱，系统实现空载启动。

2. 上液压缸快速下行

按下上缸快速下行按钮，电磁铁 YA1、YA5 得电，电液换向阀 6 的右位接入系统，控制油液经电磁阀 14 右位使液控单向阀 13 打开，上缸带动上滑块实现空载快速运动。此时系统的油液流动情况为：

进油路：主泵 1→换向阀 6 右位→单向阀 8→上缸 10 上腔。

回油路：上缸 10 下腔→液控单向阀 13→换向阀 6 右位→换向阀 15 中位→油箱。

此时带卸载阀芯充液阀 9 的作用——充液阀。进入上缸上腔，实现对上缸上腔的补油。

3. 上缸慢速接近工件并加压

当上滑块组件降至一定位置（事先调好）时，压下行程开关 SQ2 后，电磁铁 YA5 失电，阀 14 左位接入系统，使液控单向阀 13 关闭，上缸下腔油液经背压阀 12、阀 6 右位、阀 15 中位回油箱。这时，上缸上腔压力升高，充液阀 9 关闭。上缸滑块组件在泵 1 供油的压力油作用下慢速接近要压制成型的工件。当上缸滑块组件接触工件后，由于负载急剧增加，使上腔压力进一步升高，压力反馈恒功率柱塞变量泵 1 的输出流量将自动减小。此时系统的油液流动情况如下。

进油路：主泵 1→换向阀 6 右位→单向阀 8→上缸 10 上腔。

回油路：上缸 10 下腔→背压阀 12→换向阀 6 右位→换向阀 15 中位→油箱。

4．保压

当上缸上腔压力达到预定值时，压力继电器 7 发出信号，使电磁铁 YA1 失电，阀 6 回中位，上缸的上、下腔封闭，由于阀 8 和阀 9 具有良好的密封性能，使上缸上腔实现保压，其保压时间由压力继电器 7 控制的时间继电器调整实现。在上腔保压期间，主泵 1 经由阀 6 和阀 15 的中位卸荷。

5．泄压、回程

当保压过程结束，时间继电器发出信号，电磁铁 YA2 得电，阀 6 左位接入系统。由于上缸上腔压力很高，压力油使外控顺序阀 11 开启，此时泵 1 输出油液经顺序阀 11 流回油箱。泵 1 在低压下工作，由于充液阀 9 的阀芯为复合式结构，具有先卸荷再开启的功能，所以阀 9 在泵 1 较低压力作用下，只能打开其阀芯上的卸荷针阀，使上缸上腔的很小一部分油液经充液阀 9 流回上部油箱，上腔压力逐渐降低。当该压力降到一定值后，外控顺序阀 11 关闭，泵 1 供油压力升高，使阀 9 完全打开，此时，系统的液体流动情况如下。

进油路：泵 1→换向阀 6 左位→液控单向阀 13→上缸 10 下腔。

回油路：上缸 10 上腔→充液阀 9→上部油箱。实现主缸快速回程。

6．上缸原位停止

当上缸滑块组件上升至行程挡块压下行程开关 SQ1，使电磁铁 YA2 失电，换向阀 6 中位接入系统，液控单向阀 13 将上缸 10 下腔封闭，上缸在起点原位停止不动。泵 1 输出油液经阀 6、15 中位回油箱，泵 1 卸荷。

7．下液压缸顶出及退回

当电磁铁 YA3 得电，换向阀 15 左位接入系统。此时的液体流动情况为：

进油路：泵 1→换向阀 6 中位→换向阀 15 左位→下缸 16 下腔。

回油路：下缸 16 上腔→换向阀 15 左位→油箱。

下缸 16 活塞上升，顶出压好的工件。当电磁铁 YA3 失电，YA4 得电，换向阀 15 右位接入系统，下缸 16 活塞下行，使下滑块组件退回到原位。

8．浮动压边

有些模具工作时需要对工件进行压紧拉伸，当在压力机上用模具做薄板拉伸压边时，要求下滑块组件上升到一定位置实现上下模具的合模，使合模后的模具既能保持一定的压力将工件夹紧，又能使模具随上滑块组件的下压而下降浮动压边。这时，换向阀 15 处于中位，由于上缸的压紧力远远大于下缸往上的上顶力，上缸滑块组件下压时下缸活塞被迫随之下行，下缸下腔油液经节流器 18 和背压阀 17 流回油箱，使下缸下腔保持所需的向上的压边压力。调节背压阀 17 的开启压力大小即可起到改变浮动压边力大小的作用。下缸上腔则经阀 15 中位从油箱补油。溢流阀 19 为下缸下腔安全阀，只有在下缸下腔压力过载时才起作用。

通过上面的分析，可知 YA32-200 型四柱万能液压机液压系统有如下特点：

（1）采用高压大流量恒功率变量泵供油，既符合工艺要求，又节省能量。

（2）系统利用管道和油液的弹性变形来实现保压，方法简单，但对单向阀的密封性能要求较高。

（3）系统中上、下两缸的动作协调是由两个换向阀互锁来保证的。只有换向阀 6 处于中位，主缸不工作时，压力油才能进入阀 15，使顶出缸运动。

（4）为了减小由保压转换为快速回程时的液压冲击，系统中采用卸荷阀 11 和液控单向阀 9 组成泄压回路。

【任务解析二】机床液压系统的维护

1．日常检查

进行日常检查的目的是为保证设备能够每天安全运行。检查内容有：

（1）检查油箱中的油量是否足够，油温是否正常。

（2）检查各密封部位、管接头等处的漏油情况。

（3）检查溢流阀的压力调节处等重要部位的螺钉有无松动。

（4）检查液压油的温度，一般通过检查油箱里油温，通常应在 60℃ 以下。

（5）检查过滤器的堵塞情况，判断其是否需要更换。

（6）检查压力计、油温计、流量计等计量仪表是否正常，以确定其指示数值的正确性。

（7）检查电磁阀动作时的响声。

2．定期检查

定期检查可以保证液压系统正常工作，延长其寿命并提高其可靠性。

定期检查的内容包括：规定必须做定期维修的基础部件，日常检查中发现的不利现象而又未及时排除的问题，潜在的故障预兆等。

通常每三个月为一个检查周期。检修的顺序可参照液压传动装置进行，由油液的循环回路起，油泵、油箱、冷却器、加热器、滤油器、压力表、压力控制阀、方向控制阀、流量控制阀、油缸（或油马达），直至管件及蓄能器等。具体要求和日常检查一样。

3．综合检查

综合检查其内容比较全面，包括部件、元件、管件及其他辅助装置等，都要一一拆卸，分解检查，分别鉴定各元件的磨损情况、精度及性能，重新估算寿命。根据检查结果，进行必要的维修和更换。

任务评价

通过以上学习，根据任务实施过程，将完成任务情况记录在表 6-4 中，完成任务评价。

表 6-4　任务评价表

序　号	评价内容	要　求	自　评	互　评
1	巩固液压系统的分析方法	能够根据液压系统的工作要求、回路图分析工作原理		
2	掌握液压系统的正确维护方法	熟悉日常维护		
3	掌握机床液压系统的基本维修步骤，能够按照程序一步一步解决问题	步骤熟悉，思路清晰		

任务 3　液压系统常见故障的分析和排除

任务目标

- 了解液压系统故障的基本维修步骤。
- 了解液压系统常见故障及原因。

任务呈现

随着使用时间的增加，磨床液压系统中的液压元件会因为磨损、老化等现象，造成液压系统工作不正常。液压系统结构复杂，元件繁多，且系统中各种元件、机构及油液大都在封闭的壳体和管道内。出现故障时，如何找出故障原因，排除故障呢？另外，在液压系统中有哪些常见的故障呢？

知识准备

一、机床液压系统的基本维修步骤

在实际工作中，工程技术人员往往按以下几个步骤分析故障。

1．了解液压机的液压系统

熟悉有关技术资料、报告，常握液压机液压系统的工作原理，掌握各种元件的基本结构和在系统中的具体功能，并记录液压系统的必要的技术数据，如工作速度、压力、流量、循环时间等。

2．询问液压机操作人员

（1）询问该设备的特性及其功能持征。

（2）询问该设备出现故障时的基本现象，如液压泵是否能启动，系统油温是否过高，系统的噪声是否太大，液压缸是否能带动负载等。

（3）了解过去对这类故障排除的过程。

3．现场核实信息

现场了解情况，如果设备还能启动运行，要亲自启动一下设备，操纵有关控制部分，观察故障现象，查找故障部位。

此时可采用"四觉"诊断法。利用维修人员的视觉、听觉、触觉和嗅觉判断液压系统的故障，这是目前现场分析故障的简单方法。

（1）看。看液压系统工作的真实现象。一般有六看：一看速度；二看压力；三看油液；四看泄漏；五看振动；六看产品。

（2）听。用听觉来判断液压系统和泵的工作是否正常。一般有四听：一听噪声；二听

冲击声；三听泄漏声；四听敲打声。

（3）摸。用手摸正在工作的部件表面。一般有四摸：一摸温升；二摸振动；三摸"爬行"；四摸松紧程度。

（4）闻。可判别油液变质及油泵烧结等故障。

4. 查阅技术档案

翻阅设备技术档案，对照本次故障现象，确定是否与记载的故障现象相似，还是新出现的故障。

5. 归纳分析

对调查情况、观察情况和历史记载的资料进行综合分析，找出产生故障的可能原因。

6. 制定维修方案

根据了解、询问、核实、检查所得到的资料列出可能的故障原因表，按"先易后难"的原则，排出检查顺序。先检查那些一经简单检查核实或修理即可使设备恢复正常的元器件，以便在最短时间内完成检查工作。

7. 排除故障

根据制定的维修方案，找出液压机产生故障的原因后，着手排除故障。除必要时，不得轻易拆卸各液压元件，因为不必要的、过早的拆装会降低这些元件的使用寿命。

二、液压系统故障的排除方法

液压系统的常见故障分析及排除方法见表 6-5。

表 6-5　液压系统的常见故障分析及排除方法

故障现象	原　　因	排 除 方 法
油温过高	管道过细、过长、弯曲过多、截面变化过于频繁，造成压力损失过大	改变管道规格和管路形状
	油液黏度不适合	选用黏度适合的液压油
	管路缺乏清洗和保养，增加了压力油流动时的压力损失	对管道定期清洗和保养
	系统中各连接处、配合间隙处内外泄漏严重造成容积损耗过大	检查泄漏部位，防止内外泄漏
	油箱容积过小或散热条件差	改善散热条件，适当增加油箱容量
	压力调整过高，泵在高压下工作时间过长	在保证系统正常工作的条件下，尽可能地下调压力
	相对运动部件安装精度差、润滑不良和密封件调整过紧，摩擦力太大	保证安装精度达到规定的技术要求、改善润滑条件、合理调整密封件松紧程度
液压缸爬行	密封装置密封不严或损坏，系统进入空气	调整密封装置，更换损坏的密封元件
	液压泵吸空	改善吸油条件
	液压元件内零件磨损，间隙过大，引起输油量、压力不足或波动	修复或更换磨损严重的零件

续表

故障现象	原因	排除方法
液压缸爬行	润滑油不良，摩擦力增加	适当调节润滑油的压力和流量
	导轨间隙的楔铁或压板调得过紧或弯曲	重新调整导轨或修复
产生振动和噪声	吸油管过细、过长	更换管路
	吸油口滤油器堵塞或通流面积过小	清洗或更换滤油器
	液压泵吸油位置过高	降低泵的吸入高度
	油箱油量不足，油面过低	补充油液至油标线指示的高度
	吸油管浸入油面以下太浅	加大吸油管浸入油箱的深度
	油液的黏度过大	选用黏度适当的液压油
	吸油管路密封不严，吸入空气	严格密封吸油管连接处
	吸油管离回油管过近	增大两者的距离
	回油管没有浸入油箱	使回油管浸入油箱
	压力管道过长，没有固定或减振元件	加设固定管卡，增设隔振垫
系统无压力或压力不足	动力不足	检查动力源
	液压元件和连接处内外泄漏严重	修理或更换相关元件
	溢流阀出现故障	检修溢流阀
	压力油路上的各种压力阀的阀芯被卡住，导致泵卸荷	清洗或修复有关的压力阀
系统流量不足	液压泵转速过低	将泵转速调到规定值
	液压泵吸空	改善吸油条件
	溢流阀调定压力偏低，溢流量偏大	重新调整溢流阀压力
	有相对运动的液压元件磨损严重，系统中各连接处密封不严，内外泄漏严重	修复元件，更换密封件

知识拓展

油液的清洁保养

油液的污染是导致液压系统出现故障的主要原因。由于油液污染造成的元件故障占系统总故障的 70%～80%。它给设备造成的危害是严重的。因此，液压系统的污染控制越来越受到人们的关注和重视。实践证明：提高系统油液清洁度是提高系统工作可靠性的重要途径，必须认真做好。

一、污染物的来源与危害

液压系统中的污染物，指在油液中对系统可靠性和元件寿命有害的各种物质。主要有以下几类：固体颗粒、水、空气、化学物质、微生物和能量污染物等。不同的污染物会给系统造成不同程度的危害（见表 6-6）。

表 6-6　污染物的种类、来源与危害

种　类		来　源	危　害
固体颗粒	切屑、焊渣、型砂	制造过程残留	加速磨损、降低性能，缩短寿命，堵塞阀内阻尼孔，卡住运动件引起失效，划伤表面引起漏油甚至使系统压力大幅下降，或形成漆状沉积膜使动作不灵活
	尘埃和机械杂质	从外界侵入	
	磨屑、铁锈、油液氧化和分解产生的沉淀物	工作中生成	
水		通过凝结从油箱侵入，冷却器漏水	腐蚀金属表面，加速油液氧化变质，与添加剂作用产生胶质引起阀芯黏滞和过滤器堵塞
空气		经油箱或低压区泄漏部位侵入	降低油液体积弹性模量，使系统响应缓慢和失去刚度，引起气蚀，促使油液氧化变质，降低润滑性
化学污染物	溶剂、表面活性化合物、油液汽化和分解产物	制造过程残留，维修时侵入，工作中生成	与水反应形成酸类物质腐蚀金属表面，并将附着于金属表面的污染物洗涤到油液中
微生物		易在含水液压油中生存并繁殖	引起油液变质劣化，降低油液润滑性，加速腐蚀
能量污染	热能、静电、磁场、放射性物质	由系统或环境引起	黏度降低，泄漏增加，加速油液分解变质，引起火灾

二、控制污染物的措施

针对各类污染物的来源采取相应的措施是很有必要的，对系统残留的污染物主要以预防为主。生成的污染物主要靠滤油过程加以清除。详细控制污染的措施见表 6-7。

表 6-7　控制污染的措施

污染来源	控制措施
残留污染物	（1）液压元件制造过程中要加强各工序之间的清洗、去毛刺，装配液压元件前要认真清洗零件。加强出厂试验和包装环节的污染控制，保证元件出厂时的清洁度并防止在运输和储存中被污染 （2）装配液压系统之前要对油箱、管路、接头等彻底清洗，未能及时装配的管子要加护盖密封 （3）在清洁的环境中用清洁的方法装配系统 （4）在试车之前要冲洗系统。暂时拆掉的精密元件及伺服阀用冲洗盖板代之。与系统连接之前要保证管路及执行元件内部清洁
侵入污染物	（1）从油桶向油箱注油或从中放油时都要经过过滤装置过滤 （2）保证油桶或油箱的有效密封 （3）从油桶取油之前先清除桶盖周围的污染物 （4）加入油箱的油液要按规定过滤。加油所用器具要先行清洗 （5）系统漏油未经过滤不得返回油箱 （6）与大气相通的油箱必须装有空气过滤器，通气量要与机器的工作环境与系统流量相适应。要保证过滤器安装正确和固定紧密。污染严重的环境可考虑采用加压式油箱或呼吸袋 （7）防止空气进行系统，尤其是经泵吸油管进入系统。在负压区或泵吸油管的接口处应保证气密性。所有管端必须低于油箱最低液面。泵吸油管应该足够低，以防止在低液面时空气经旋涡进入泵 （8）防止冷却器或其他水源的水漏进系统 （9）维修时应严格执行清洁操作规程

续表

污染来源	控制措施
生成污染物	（1）要在系统的适当部位设置具有一定过滤精度和一定纳污容量的过滤器，并在使用中经常检查与维护，及时清洗或更换滤芯 （2）使液压系统远离或隔绝高温热源。设计时应使油温保持在最佳值，需要时设置冷却器 （3）发现系统污染度超过规定时，要查明原因，及时消除 （4）单靠系统在线过滤器无法净化污染严重的油液时，可使用便携式过滤装置进行系统外循环过滤 （5）定期取油样分析，以确定污染物的种类，针对污染物确定需要对哪些因素加强控制 （6）定期清洗油箱，要彻底清理掉油箱中所有残留的污染物

三、油液的过滤

在防止污染物侵入油液的基础上，对系统残留和生成的污染物进行强制性清除非常重要。而对油液进行过滤是清除油液中污染物最有效的方法。过滤器可根据系统和元件的要求，分别安装在系统不同位置上，如泵吸油管、压力油管、回油管、伺服阀的进油口及系统循环冷却支路上。控制油液中颗粒污染物的数量，是确保系统性能可靠、工作稳定，延长使用寿命最有效的措施。选择过滤器时，需考虑以下几个方面的问题。

（1）过滤精度应保证系统油液能符合所需的污染度等级。

（2）油液通过过滤器所引起的压力损失应尽可能小。

（3）过滤器应具有一定纳污容量，防止频繁更换滤芯。

项目总结

1．正确阅读液压传动系统图，对于液压设备的正确使用、调试、检修和排除故障都有重要的作用。

2．组合机床动力滑台液压系统，主要由限压式变量泵和调速阀组成的容积节流调速回路、差动连接快速运动回路、电液换向阀的换向回路、行程阀和电磁阀的速度换接回路、串联调速阀的二次进给回路和用 M 型中位机能的卸荷回路等基本回路组成。可实现"快进→第一次工作进给→第二次工作进给→止挡块停留→快退→原位停止"的工作循环。具有系统效率高、位置控制准确可靠、滑台运动平稳、速度转换冲击小等特点。

3．机床液压系统的基本维修步骤。

（1）了解液压机的液压系统；（2）询问液压机操作人员；（3）现场核实信息；（4）查阅技术档案；（5）归纳分析；（6）制定维修方案；（7）排除故障。

4．"四觉"诊断法：① 看。看液压系统工作的真实现象。一般有六看：一看速度；二看压力；三看油液；四看泄漏；五看振动；六看产品。② 听。用听觉来判断液压系统和泵的工作是否正常。一般有四听：一听噪声；二听冲击声；三听泄漏声；四听敲打声。③ 摸。用手摸正在工作的部件表面。一般有四摸：一摸温升；二摸振动；三摸"爬行"；四摸松紧程度。④ 闻。可判别油液变质及油泵烧结等故障。

5．对液压元件和液压系统所出现的简单故障，能分析出产生的原因，掌握排除的方法。

课后练习

一、填空题

1. YT4543 型动力滑台液压系统采用_____和_____组成_____调速回路；用_____阀实现换向，用_____实现快速运动；用_____实现快速前进和工作进给的速度切换。

2. 在 YT4543 型动力滑台液压系统中，液控顺序阀 13 的作用是_____，单向阀 17 的作用是_____，压力继电器 16 的作用是_____。

3. YA32-200 型四柱万能液压机的液压系统中，采用由_____供油的_____调速回路，主油路的最高压力由_____限定。阀 11 的作用是_____，溢流阀 5 的作用是_____。

4. YA32-200 型四柱万能液压机的液压系统中，1SP、2SP、3SP 的作用是_____，压力继电器 7 的作用_____。

二、判断题

1. YT4543 型动力滑台液压系统中的快速运动回路采用差动连接。　　（　　）

2. YT4543 型动力滑台液压系统中的二次进给回路采用调速阀并联的方式实现。
　　　　　　　　　　　　　　　　　　　　　　　　　　　　（　　）

3. YT4543 型动力滑台液压系统中单向阀 3 的作用是防止液压油倒流。（　　）

4. YA32-200 型四柱万能液压机的液压系统中电液换向阀 6 的中位机能是 M 型。
　　　　　　　　　　　　　　　　　　　　　　　　　　　　（　　）

5. YA32-200 型四柱万能液压机的液压系统中电液换向阀 15 的中位机能是 O 型。
　　　　　　　　　　　　　　　　　　　　　　　　　　　　（　　）

6. YA32-200 型四柱万能液压机的液压系统中通过电液换向阀 6、15 的中位机能使主泵 1 实现空载启动。　　　　　　　　　　　　　　　　　　（　　）

三、选择题

1. YT4543 型动力滑台液压系统中单向阀 12 的作用是（　　）。
    A. 工进时隔离进油路和回油路　　　　B. 保护液压泵　　　C. 实现缸的快退

2. YT4543 型动力滑台液压系统中的二次进给回路采用（　　）节流调速方式。
    A. 回油　　　　　B. 进油　　　　　C. 旁路

3. YA32-200 型四柱万能液压机的液压系统中溢流阀 19 的作用是（　　）。
    A. 调压　　　　　B. 溢流　　　　　C. 安全阀

4. YA32-200 型四柱万能液压机的液压系统中泵 2 的作用是（　　）。
    A. 给两个工作油缸供油
    B. 给电液换向阀和液控单向阀供应控制油
    C. 补偿系统内泄漏

5．液压系统（　　）做一次定期检查。

   A．每天　　　　　　　B．一个月　　　　　　C．三个月

四、分析题

1．YT4543 型动力滑台液压系统由哪些基本回路组成？如何实现差动连接？

2．如图 6-8 所示为某镗床液压系统。试分析该系统的工作原理（如何实现夹紧→镗孔→退回→松开的顺序动作）。

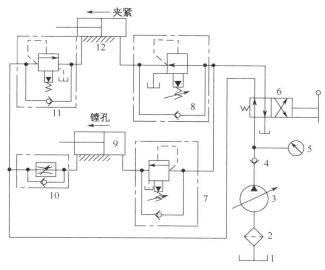

图 6-8　镗床液压系统

3．减压回路如图 6-9 所示。缸 1 和缸 2 分别进行纵向加工和横向加工。现场观察发现，在缸 2 开始退回时，缸 1 工进立即停止，直至缸 2 退至终点，缸 1 才能继续工进。试分析故障原因并提出解决办法。

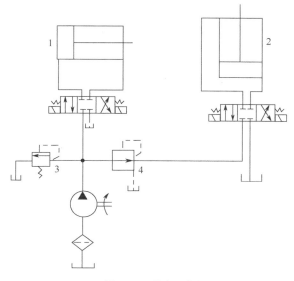

图 6-9　减压回路

4．某机床进给回路如图 6-10 所示，它可以实现快进→工进→快退的工作循环。根据此回路的工作原理，填写电磁铁动作表。（电磁铁通电时，在空格中记"＋"号；反之，断电记"－"号）。

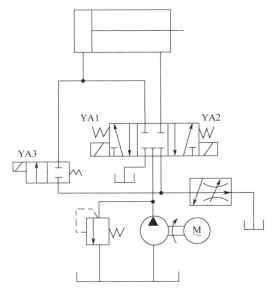

图 6-10　机床进给回路

电 磁 铁 工 作 环 节	YA1	YA2	YA3
快进			
工进			
快退			

5．现有进油节流调速回路如图 6-11 所示。该回路中液压缸完成快速进给、慢速加工、快速退回工作循环，液压缸的负载大，负载变化也很大。工作中发现液压缸在慢速加工时速度变化太大，需要对原回路进行改进，如何改进该回路，才能保证液压缸在工作进给时速度不发生变化，说明原因。

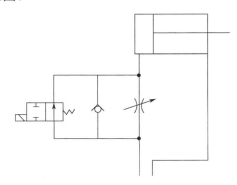

图 6-11　进油节流调速回路

项目 7 气动基础知识及执行元件

项目描述

气动传动系统由动力元件、执行元件、控制元件和辅助元件四大基本元件组成。其中动力元件（气压泵）和执行元件（气缸或气动马达）是两大能量转换装置。执行元件将气动压力能转换为机械能，以完成要求的动作。

本项目要求掌握气源装置主要元件的工作原理、图形符号；掌握气动三联件的工作原理及安装使用要求。

任务 1　认识气动系统

任务目标

- 了解气动系统的组成与功用。
- 掌握气动系统的特点。
- 掌握气源装置主要元件的工作原理、图形符号。

任务呈现

如图 7-1 所示为典型的气动工作系统图。气动系统分为执行元件、控制元件、信号处理元件、信号输入元件和气源系统等组成部分。

想一想 ● ● ● ●

气动系统的气源部分包括空压机、气动二联件。

1. 气压是什么？如何判断气压是否正常？
2. 工作气压是如何产生的？
3. 储气罐的作用是什么？
4. 空压机的后冷却器有什么作用？

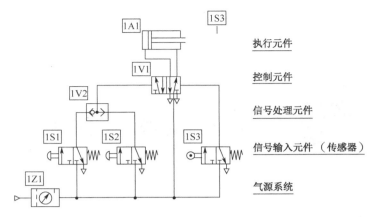

图 7-1　气动工作系统及组成部分

如图 7-2 所示为气动吸盘夹取物品，图 7-3 所示为气动气缸。

图 7-2　气动吸盘夹取物品

图 7-3　气动气缸

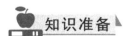 **知识准备**

一、气压的基本概念

气动技术是以压缩空气作为动力源，驱动气动执行元件完成一定的运动规律的应用技术。气动技术在工业生产中应用十分广泛，它可以应用于包装、进给、计量、材料的输送、工件的转动与翻转、工件的分类等场合，还可用于车、铣、钻、锯等机械加工的过程。

在物理学中，把纬度为 45 度的海平面（海拔高度为零）上的常年平均大气压力规定为 1 标准大气压（atm）。此标准大气压为一定值，1 标准大气压=760 毫米汞柱 =1.033 工程大气压= 1Bar = 0.10133MPa，实际工程中其值常约等于 0.1MPa，俗称 1 千克压力。

在工程上，技术人员通过压力表对压力容器和管路进行参数核查，如图 7-4 所示。

压力表能直观指示系统的工作状态是否正常。系统压力过高是十分危险的，所以某些特定系统的压力表会标记出红色警示范围，提醒技术人员系统处于压力过高状态，如图 7-5 所示。

如果在工作当中发现系统处于压力过高状态，需要立即按照工作指引降低系统压力，并尽快报告值班领导，把出现故障的具体数据记录在案，以便事后检查维护之用。如图 7-6 所示为压力表的红色区间。

图 7-4　压力表

图 7-5　压力过高指示区间

图 7-6　压力表的红色区间

二、空气压缩机介绍

自然界在海平面的压力是一个标准大气压（0.1MPa），而轻工行业常用的气动系统最低工作压力达到 0.4～0.7MPa，所以需要使用压缩机对自然空气进行升压。现在常用的空气压缩机（air compressor）有活塞式空气压缩机，如图 7-7 所示，螺杆式空气压缩机（又分为双螺杆压缩机和单螺杆压缩机），离心式压缩机以及滑片式空气压缩机，涡旋式空气压缩机。常见活塞式空气压缩机的图形符号见表 7-1。

图 7-7　空气压缩机

表 7-1　常见活塞式空气压缩机的图形符号

图 形 符 号			
名　　称	压缩机	活塞式压缩机	单机双级活塞式压缩机

储气罐的作用是维持压缩空气系统的管网压力不要出现大的波动。由于压缩空气系统末端的用气量一般不可能在任何时候都是平稳的，所以要利用储气罐来平衡系统压力的平稳和减少空压机的频繁加载和卸载。

三、典型气动系统介绍

气压传动和控制是生产过程自动化和机械化最有效的手段之一，气动执行元件主要做直线往复运动。工程实际中这种运动形式应用最多，如许多机器或设备上的传送装置、产品加工时工件进给、工件定位和夹紧、工件装配以及材料成型加工等都是直线运动形式。如图 7-8 所示为气动系统实际元件连接示意图。但有些气动执行元件也可以做旋转运动，如摆动气缸（摆动角度可达 360°）。

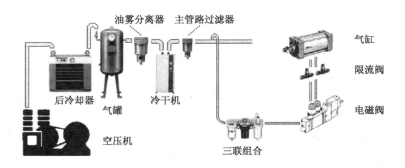

图 7-8　气动系统实际元件连接示意图

从技术和成本角度看，气缸作为执行元件是完成直线运动的最佳形式，单个气动元件（如各种类型的气缸和控制阀）都可以看成是模块式元件；气动元件必须进行组合才能形成一个用于完成某一特定作业的控制回路，如图 7-9 所示。

从广义上讲，气动设备可以应用于任何工程领域。气动设备常常由少量气动元件和若干个气动基本回路组合而成。一般来说，组合气动元件内带有许多预定功能，如具有 12 步气—机械步进开关可被装配成一个控制单元，用来控制几个气动执行元件。现在的工业设备大大简化了气动系统设计，减少了设计人员和现场安装调试人员的工作量，使气动系统成本大大降低。

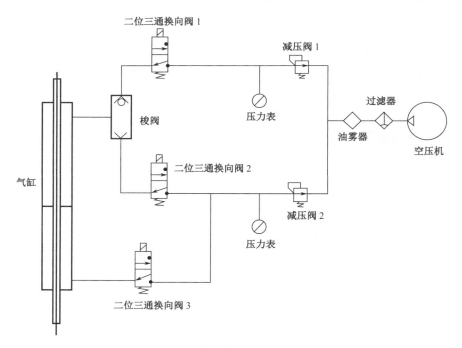

图 7-9　气动系统连接示意图

气动系统的元件及装置组成如图 7-10 所示，可分为以下几种。

（1）气源装置：压缩空气的发生装置以及压缩空气的存储、净化等辅助装置。它为气动系统提供合乎质量要求的压缩空气。

（2）执行元件：将压力能转化为机械能并完成做功动作的元件，如气缸、气马达等。

（3）控制元件：控制气体压力、流量及运动方向的元件，如各种阀类。

（4）气动逻辑元件：能完成一定逻辑功能的气动元件。

（5）气动辅助元件：气动系统中辅助功能的元件，如消声器、管道、接头等。

（6）气动传感器及信号处理装置：检测、转换、处理气动信号的元器件，如比值器、定值器、电气转换器、压力传感器、压差传感器、位置传感器等。

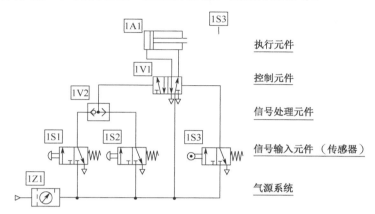

图 7-10 气动系统的元件及装置组成

四、典型气动元件认知

气动基本元件图形符号见表 7-2。

表 7-2 气动基本元件图形符号

气动基本元件	图 形 符 号
带手动排水器的水分离器	
带自动排水器的水分离器	
带手动排水器的空气过滤器	
带自动排水器的空气过滤器	
油雾器	
后冷却器	
油雾及微雾分离器	

空气压缩机的后冷却器是给空气压缩机产生的高温气体降温的，压缩机排出高温润滑油。如果后冷却器不降温，空压机会高温停机。后冷却器既降低油温，也降低压缩空气温度。

五、气动系统的优点

气动技术与其他的传动和控制方式（如机械方式、电气方式、电子方式、液压方式）相比，优点如下：

（1）气动装置结构简单、轻便、安装维护简单。压力等级低，故使用安全。

（2）工作介质是取之不尽的空气，空气本身不花钱。排气处理简单，不污染环境，成本低。

（3）输出力及工作速度的调节非常容易。气缸的动作速度一般为 50～500mm/s，比液压和电气方式的动作速度快。

（4）可靠性高，使用寿命长。电器元件的有效动作次数约为百万次，而 SMC 的普通电磁阀寿命大于 3000 万次，小型阀超过 2 亿次。

（5）利用空气的压缩性，可储存能量，实现集中供气。可短时间释放能量，以获得间歇运动中的高速响应。可实现缓冲，对冲击负载和过负载有较强的适应能力。在一定条件下，可使气动装置有自保持能力。

（6）全气动控制具有防火、防爆、防潮的能力。与液压方式相比，气动方式可在高温场合使用。

（7）由于空气流动损失小，压缩空气可集中供应，远距离输送。

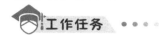

任务实施

工作任务

气动系统的气源部分包括空压机、气动二联件。通过学习及查阅相关资料，完成以下任务。

1. 气压是什么？如何判断气压是否正常？
2. 工作气压是如何产生的？
3. 储气罐的作用是什么？
4. 空气压缩机的后冷却器有什么作用？

【任务解析一】

标准大气气压为 0.1MPa。在气动系统中，技术人员通过气压表或气压检测仪器测量工作压力，与技术指标进行比对以确定气压是否处于正常状态。

【任务解析二】

工作气压是由空气压缩机产生的。常规气动系统工作压力为 0.4～0.7MPa。

空气压缩机的类型有活塞式空气压缩机、螺杆式空气压缩机、离心式空气压缩机、滑片式空气压缩机和涡旋式空气压缩机等。

【任务解析三】

储气罐的作用是维持压缩空气系统的管网压力不要出现大的波动。

【任务解析四】

空气压缩机的后冷却器是给空气压缩机产生的高温气体降温的。

任务评价

通过以上学习，根据任务实施过程，将完成任务情况记录在表 7-3 中，完成任务评价。

表 7-3　气动基础知识任务评价表

序 号	评价内容	要　求	自　评	互　评
1	了解气动系统的组成与功用，能理解并说明泵的工作原理	正确，表达灵活		
2	归纳气动系统动力特点，能说明动力源空气参数和正常工作的依据	完整，清楚		

知识拓展

简单分析气动系统组成部分

图 7-11 给出了一个部分元件用图形符号绘制的气压传动系统工作原理图。请进行填空，并进行小组内部技术讨论，要求小组代表能根据技术图例进行讲解，并能复述气动系统的优点。

在图中，原动机驱动空气压缩机，空气压缩机将机械能转换为气体的压力能，受压缩后的空气经储气罐 1、过滤器 10、_____2、油雾器 9、进入到逻辑元件 3。储气罐用于储存压缩空气并稳定压力。压缩空气再经_____4，由流量控制阀 5 将气体送往_____6。气缸移动到位后使_____7 动作，气缸停止前进工作，转为后退。排气从消声器 8 排走。

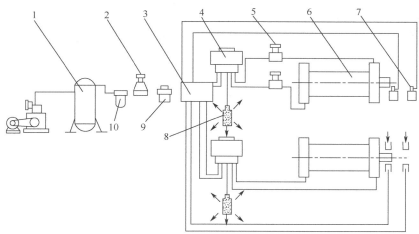

图 7-11　气压传动系统工作原理图

任务 2　气源及气源净化认知

任务目标

● 了解气动系统气源作用。
● 了解气源净化主要元件的工作原理、图形符号。

- 掌握气动三联件的工作原理及安装使用要求。
- 掌握三联件安装检修知识点。

想一想

1. 气源处理是怎样进行的？
2. 气源处理的内容及影响是什么？
3. 气动三联件功能与安装注意事项是什么？
4. 气源处理元件维保事项是什么？

任务呈现

一、气源处理元件介绍

气源装置给系统提供足够清洁干燥且具有一定压力和流量的压缩空气。由空气压缩机排出的压缩空气温度高达 170℃，且含有汽化的润滑油、水蒸气和灰尘等污染物。气源处理内容及对系统的影响见表 7-4。

由空气压缩机排出的压缩空气必须经过降温、除油、除水、除尘和干燥，使其品质达到一定要求后才能使用。

表 7-4 气源处理内容及对系统的影响

需要处理的内容	对系统的影响
温度过高	加速气动元件中各种密封件、膜片和软管材料等的老化，且温差过大，元件材料会发生胀裂，降低系统使用寿命
水分	在一定压力温度条件下会饱和而析出水滴，并聚集在管道内形成水膜，增加气流阻力；如遇低温或膨胀排气降温等，水滴会结冰而阻塞通道、节流小孔，或使管道附件等胀裂；游离的水滴形成冰粒后，冲击元件内表面而使元件损坏
灰尘	与凝聚的油分、水分混合形成胶状物质，堵塞节流孔和气流通道，使气动信号不能正常传递，气动系统工作不稳定；同时还会使配合运动部件间产生研磨磨损，降低元件的使用寿命
油蒸气	可能聚集在储气罐、管道、气动元件的容腔里形成易燃物，有爆炸危险。另外，润滑油被汽化后形成一种有机酸，使气动元件、管道内表面腐蚀、生锈，影响其使用寿命

常用气动三联件由过滤器、减压阀、油雾器三部分组成。安装顺序不能错，只能按过滤器—减压阀—油雾器这样的顺序来装，安装时注意每个部件都有气流方向指示标记，按标记进行安装就不会出问题了。

为了避免大量的附加元件分立安装而产生众多接头（接头数量过多，管路泄漏的概率就越高），厂家倾向于组合元件的推广应用，如图 7-12 所示。

图 7-12　气动三联件

1．过滤器

过滤器的作用是过滤压缩空气中的水和灰尘,只能过滤液态的水,不能过滤气态的水,过滤器结构及图形符号如图 7-13 所示。

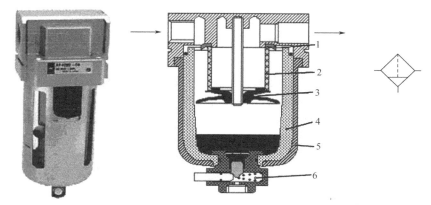

1—导流板;2—滤芯;3—挡水板;4—滤杯;5—杯罩;6—排水阀

图 7-13　过滤器结构与图形符号

2．减压阀

减压阀是用来降低压缩空气压力的。压缩机出口压力一般在 1.2MPa 左右,大于气动回路的工作压力 0.6MPa,所以必须采用减压阀进行减压。减压阀如图 7-14 所示,它将入口压力 p_1 降低到合适的工作压力 p_2,当减压阀前后流量不发生变化时,稳定的出口压力 p_2 可以通过固定在调节阀上的压力表进行调节。

图 7-14　减压阀

3．油雾器

油雾器是一种特殊的注油装置，使用中一定要垂直安装。它以压缩空气为动力，将润滑油喷射成雾状并混合于压缩空气中，随压缩空气进入需要润滑的部位（下游气缸、电磁阀），达到润滑气动元件的目的。给油器上有一个调节油量大小的旋钮，当气体经过过滤器过滤之后进入油雾气，然后再调节油量大小，以便控制进入气缸油量的大小。

气源处理的给油器旋钮上面的刻度 3→1 不是代表几滴油，而是代表逐步减少给油量。

在实际应用的时候，可以在三联件的出气口放张纸，然后调节一下刻度，如果纸上有一圈淡淡的油晕，那就可以了。因为通气气压不同，效果也不一样，还得实际调节。油雾器的油位在 1/2～3/4 比较合适。

有些品牌的电磁阀和气缸能够实现无油润滑（靠润滑脂实现润滑功能），不需要使用油雾器。空气过滤器和减压阀组合在一起可以称为气动二联件。还可以将空气过滤器和减压阀集装在一起，成为过滤减压阀（功能与空气过滤器和减压阀结合起来使用一样）。

二、气动二联件

在气动回路中，由于很多产品都可以做到无油润滑，所以现在三联件油雾器的使用频率越来越低了，配置油雾器主要是为了设备在使用几年润滑脂消耗以后又不准备更换时进行给油润滑的。另外，过滤器与减压阀可以一体化为过滤减压阀，在结构上也有一定优化。因此当前的三联件已经不是传统意义上的三联件了，一般是模块化的气源处理元件，有多种配置可以根据需要任意选择组合。如图 7-15 所示为气动二联件。

图 7-15　气动二联件

三、气源处理元件安装注意事项

（1）安装时应注意清洗连接管道及接头，避免脏物带入气路。

（2）安装时应注意气体流动方向与大体上箭头所指方向是否一致，注意接管及接头牙型是否正确。

（3）过滤器、调压阀（调压过滤器）给油器的固定：将固定支架的凸槽与本体上凹槽匹配，再用固定片及螺丝锁紧即可。

（4）单独使用调压阀、调压过滤器时的固定：旋转固定环使之锁紧附带的专用固定片即可。

四、气源处理元件维保说明

（1）过滤器排水有压差排水与手动排水两种方式。手动排水时，当水位达到滤芯下方水平之前必须排出。

（2）压力调节时，在转动旋钮前应先拉起再旋转，压下旋转钮为定位。旋钮向右旋转为调高出口压力，向左旋转为调低出口压力。调节压力时应逐步均匀地调至所需压力值，不应一步调节到位。

（3）给油器的使用方法：给油器使用 JIS K2213 机油（ISO Vg32 或同级用油）。加油量请不要超过杯子八分满。数字 0 为油量最小，9 为油量最大。自 9～0 位置不能旋转，须顺时针旋转。

（4）部分零件使用 PC 材质，禁止接近或在有机溶剂环境中使用。PC 杯清洗请用中性清洗剂。

（5）使用压力请勿超过其使用范围。

（6）当出口风量明显减少时，应及时更换滤芯。

五、气动基础实际故障分析

（1）气动三联件在使用过程中，水分过滤器中进了油（从油杯中倒流回来的）是什么原因？

【分析】一般来讲有以下原因：从空气压缩机出来的压缩空气中含有比较多的润滑油；三联件安装是否顺序有误，正确的顺序是过滤器—减压阀—油雾器；三联件中的减压阀存在问题。净化装置也是要定期排污的，也会产出大量的水油混合物。

（2）气动回路气缸不动作且气管里有很多油，请判断故障原因。

【分析】先检查油雾器，确定正确的滴油设定，可以进行以下简单的"油雾测试"：手持一页白纸距离最远的气缸控制阀出口（不带消音器）约 10cm，经一段时间后，白纸呈现淡黄色，则说明是过度润滑。另一种判别过度润滑的方法是：观察排气口消音器的颜色和状态，鲜明的黄色和有油滴说明油雾设定太大。建议至少每周检查两次滴油量设定。最大可能性是过滤器坏了，气缸内混入杂质，导致气缸不运动了，再看看气源压力怎么样，管道里有没有泄漏的地方。

气缸不动作不一定是气缸坏了，也有可能是阀坏了。首先确定气缸进气了没有（两个口都得确定），如果气缸推得出、回不来，一般是密封件坏了，检查后可排除故障。如果是前端的防尘圈坏了会有漏气的声音，如果是活塞坏了（内部窜气），气缸的动作就会像没力气拉回来一样。如果气缸因素排除，就是阀坏了，阀一般不维修（没有维修的价值），直接换新的。气管里很多油要么就是开油量太大，时间一久且气管处于低端位置时也容易积油，可以修复。

（3）气缸在什么时候需要给油？气管直径该怎么选？

【分析】请尽量选择加油雾器，可以延长气缸的使用寿命，除非现场条件实在没办法加油雾器。若气缸动作不频繁，偶尔工作几下，可以不加油。另外，系统设计时选择无润滑气缸，成本比较高，国产的产品不过关，进口的比较好（FESTO 等）。如果现场条件不允许，可以在总进气口的过滤加压阀旁加油雾器。选择气管直径要根据现场的条件，粗略选择原则是此气路的气管直径与此气路进气口的气管直径尽量保持一致。最好联系专业的气动厂家（FESTO、SMC、力士乐等），气动元件的选择一定要根据现场环境，量体裁衣。

（4）油雾器中应该加入哪种润滑油？

【分析】千万不能用汽油，可以用缝纫机油或者透平油，专用油雾器机油也可以。透平是汽轮机"turbine"一词的英文译音，透平油也称 TSA 汽轮机油。按照 ISO 黏度等级分为 32、46、68、100 几个等级，在保证润滑的前提下尽可能选用黏度较小的油品，因为黏度较小的油品其散热性和抗乳化性均较好。换油前，要认真清洗润滑系统，以免污染新油品。

只要有 10% 的旧油品存在，就可使新油品的使用期限缩短 75% 左右。不同品种和不同牌号的汽轮机油不宜随意混合使用。

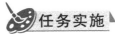 任务实施

 工作任务 •••••

1. 气源处理是怎样进行的？
2. 气源处理的内容及影响是什么？
3. 气动三联件功能与安装注意事项是什么？
4. 气源处理元件维保事项是什么？

【任务解析一】

空气压缩机排出的压缩空气必须经过降温、除油、除水、除尘和干燥，使其品质达到一定要求后才能使用。

【任务解析二】

温度过高会导致系统使用寿命下降；水分过多会堵塞通道或冲击元件；灰尘会堵塞管道并产生研磨磨损；油蒸气会产生管路爆照危险，元件生锈腐蚀。

【任务解析三】

安装时注意每个部件都有气流方向指示标记，按标记进行安装就不会出问题了。注意清洗连接管道及接头，避免脏物带入气路。

【任务解析四】

过滤器排水有压差排水与手动排水两种方式。手动排水时当水位达到滤芯下方水平之前必须排出。压力调节时，在转动旋钮前应先拉起再旋转，压下旋钮为定位。旋钮向右旋转为调高出口压力，向左旋转为调低出口压力。调节压力时应逐步均匀地调至所需压力值，不应一步调节到位。

任务评价

通过以上学习，根据任务实施过程，将完成任务情况记录在表 7-5 中，完成任务评价。

表 7-5 气动基础知识任务评价表

序　号	评价内容	要　求	自　评	互　评
1	了解气源处理的原理说明泵的作用	正确，表达灵活		
2	归纳气动三联件安装特点	完整，清楚		

项目总结

1. 气动系统的动力源是空气。通过空气压缩机提供一定压力的空气，然后通过空气处

理元件处理后输入系统。

2．气源净化必须经过降温、除油、除水、除尘和干燥，使其品质达到一定要求后才能使用。

3．常用气动三联件由过滤器、减压阀、油雾器三部分组成。

4．空气过滤器和减压阀组合在一起可以称为气动二联件。

5．油雾器是一种特殊的注油装置，使用中一定要垂直安装。它以压缩空气为动力，将润滑油喷射成雾状并混合于压缩空气中，给油器上面有一个调节油量大小的旋钮，当气体经过过滤器过滤之后进入油雾气，然后再调节油量大小，以便控制进入气缸油量的大小。

6．气源处理元件安装注意事项：安装时应注意清洗连接管道及接头，避免脏物带入气路。安装时应注意气体流动方向与大体上箭头所指方向是否一致，注意接管及接头牙型是否正确。

7．气源处理元件维保事项。

课后练习

一、填空题

1．气动系统对压缩空气的主要要求有：具有一定_____和_____，并具有一定的_____程度。

2．气源装置一般由气压_____装置、_____及_____压缩空气的装置和设备、传输压缩空气的管道系统和_____四部分组成。

3．空气压缩机简称_____，是气源装置的核心，用以将原动机输出的机械能转化为气体的压力能。空气压缩机的种类很多，按工作原理主要可分为_____和_____（叶片式）两类。

4．_____、_____和_____一起称为气动三大件，是多数气动设备必不可少的气源装置。大多数情况下，三大件组合使用，三大件应安装在用气设备的_____。

5．气动执行元件是将压缩空气的压力能转换为机械能的装置，包括_____和_____。

二、判断题

1．气源管道的管径大小是根据压缩空气的最大流量和允许的最大压力损失决定的。
（　　）

2．大多数情况下，气动三大件组合使用，其安装次序依进气方向为空气过滤器、后冷却器和油雾器。
（　　）

3．空气过滤器又名分水滤气器、空气滤清器，它的作用是滤除压缩空气中的水分、油滴及杂质，以达到气动系统所要求的净化程度，它属于二次过滤器。
（　　）

4．气动马达的突出特点是具有防爆、高速、输出功率大、耗气量小等优点，但也有噪声大和易产生振动等缺点。
（　　）

5．气动马达是将压缩空气的压力能转换成直线运动的机械能的装置。
（　　）

6．气压传动系统中所使用的压缩空气直接由空气压缩机供给。
（　　）

三、选择题

1. 以下不是储气罐的作用的是（　　）。
   A．减少气源输出气流脉动
   B．进一步分离压缩空气中的水分和油分
   C．冷却压缩空气

2. 利用压缩空气使膜片变形，从而推动活塞杆做直线运动的气缸是（　　）。
   A．气－液阻尼缸　　　B．冲击气缸　　　　　　C．薄膜式气缸

3. 气源装置的核心元件是（　　）。
   A．气马达　　　　　　B．空气压缩机　　　　　C．油水分离器

4. 油水分离器安装在（　　）后的管道上。
   A．后冷却器　　　　　B．干燥器　　　　　　　C．储气罐

四、简答题

1. 一个典型的气动系统由哪几部分组成？

2. 气动系统对压缩空气有哪些质量要求？气源装置一般由哪几部分组成？

3. 什么是气动三大件？气动三大件的连接顺序如何？

项目 **8** 单缸控制回路组建与调试

项目描述

本项目涉及送料方向控制和压印控制的回路搭建和相关元件的选用和维保。通过本项目学习，学生可以掌握气动方向控制和气动延时、压力调整方面的知识。

■ 任务 1 送料装置的方向控制回路组建

✍ 任务目标

- 了解方向控制阀的结构及工作原理。
- 掌握方向控制阀的职能、符号、表达方式。
- 掌握送料装置部件的作用及搭建步骤。

✍ 任务呈现

基本气动系统采用一个气缸进行任务动作，包括抓取、推动工件和旋转等动作。作为送料回路，首先需要进行气缸运动方向的控制设计。本任务要求掌握气动系统单缸控制回路的搭建，控制元件的工作原理及维保使用要求。

如图 8-1 所示为方向控制阀控制的送料工作站动作示意图，请列出工件方向控制的送料回路。图 8-2 所示为实际气动送料装置。

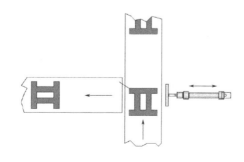

图 8-1　方向控制阀控制的送料工作站动作示意图

图 8-2　实际气动送料装置

想一想 •••••

1. 换向阀的基本概念解释。
2. 方向控制阀的控制方式有哪些？
3. 方向控制阀的中位机能各有什么特点？

知识准备

一、换向阀的符号表示方法

"位"：换向阀阀芯工作位置的个数用方框的个数表示。如二位阀可以表示为如图 8-3 所示的图形。

"通"：指的是换向阀与系统相连的接口（包括输入口、输出口和排气口），有几个接口即为几通。常见换向阀的通路数与切换位置如表 8-1 所示。有时，也可用分数表示（其中分母表示阀芯位置数，分子表示每个位置上的接口数），如 5/2 换向阀即为二位五通换向阀。

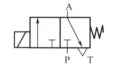

图 8-3　换向阀符号

"常态位"：阀芯在未受到外力作用时的位置。

表 8-1　气动换向阀的通路数与切换位置

机　能	二　位		三　位		
			中间封闭式	中间卸压式	中间加压式
二通					
三通					
四通					
五通					

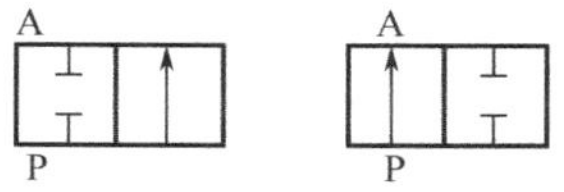

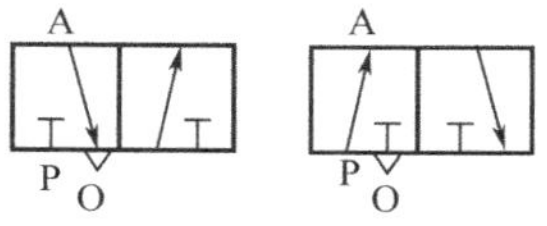

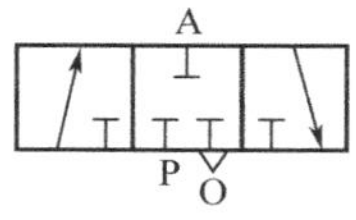

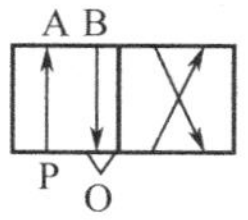

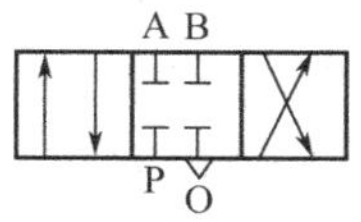

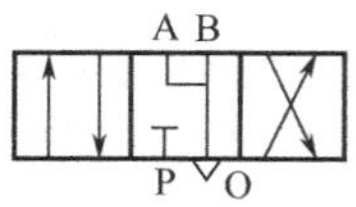

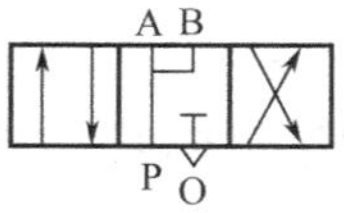

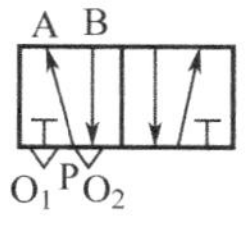

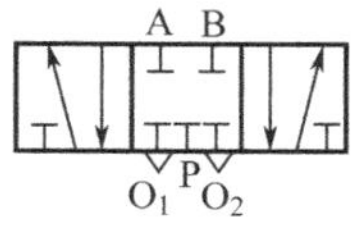

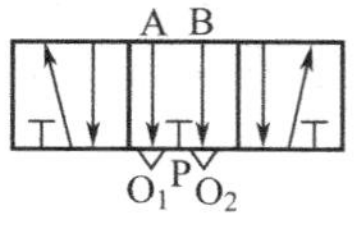

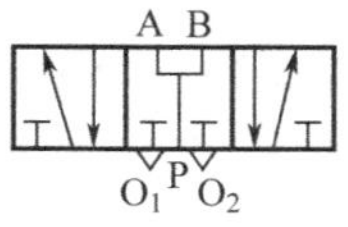

换向阀的气口可用数字表示，也可用字母表示，两种表示方法如图 8-4 与表 8-2 所示。

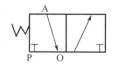

图 8-4　阀口字母举例说明

表8-2 阀的气口表示方法比较

气　　口	数 字 表 示	字 母 表 示	气　　口	数 字 表 示	字 母 表 示
输入口	1	P	排气口	5	R
输出口	2	B	输出信号清零的控制口	（10）	（Z）
排气口	3	S	控制口	12	Y
输出口	4	A	控制口	14	Z（X）

二、方向控制阀的控制方式

1．人力控制

用人力来获得轴向力使阀迅速移动换向的控制方式称为人力操作。人力控制可分为手动控制和脚踏控制等，如图8-5和图8-6所示。按人力作用于主阀的方式可分为直动式、先导式。

图 8-5　手控换向阀

图 8-6　脚踏换向阀

人控阀与其他控制方式相比，具有可按人的意志进行操作、使用频率较低、动作较慢、操作力不大等特点。人控阀在手动气动系统中，一般用来直接操纵气动执行机构，在半自动和全自动系统中多作为信号阀使用。常见人控阀控制部件图形符号如图8-7所示。

用机械力来获得轴向力使阀芯迅速移动换向的控制方式称为机械操作。

用凸轮、撞块或其他机械外力使阀切换的阀称为机械控制换向阀，简称机控阀。这种阀常用作信号阀，可用于湿度大、粉尘多、油分多、不宜使用电气行程的工作环境中，不宜用于复杂的控制装置中。

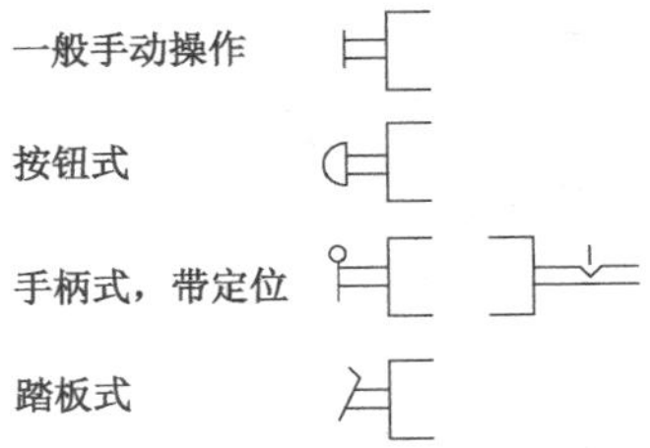

一般手动操作

按钮式

手柄式，带定位

踏板式

图 8-7　人控阀控制部件图形符号

2．气压控制

用气压力来获取轴向力使阀芯迅速移动换向的操作方式叫做气压控制。气压控制又分为单气控和双气控。单气控如图8-8所示。数字12表示此端口通气，则换向阀1、2端口接通；10端口通气表示换向阀1口截止。

图 8-8　气控阀符号

3．电磁控制

电磁控制是利用电磁线圈通电时，静铁芯对动铁芯产生电磁吸力使阀切换以改变气流方向的阀，称为电磁换向阀。易于实现电—气联合控制和远距离操作，故得到广泛应用。按照电磁力作用于主阀阀芯的方式分为直动式和先导式两种。

直动式电磁控制是用电磁铁产生的电磁力直接推动阀芯来实现换向的一种电磁控制阀。按照阀芯复位的控制方式可分为单电控和双电控两种。如图 8-9 所示为双电控直动阀工作原理示意图。

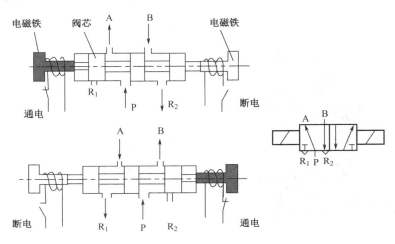

图 8-9　双电控直动阀工作原理示意图

先导式电磁控制指气源的电控阀门比气动系统主管路要小很多，为了达到控制主管路换向的目的，通过一个小的直动式电磁换向阀输出的气压分路来控制主阀阀芯。

图 8-10　先导式电磁阀

先导阀是一个流通面积非常小的阀门，这个小阀门的开启由电磁线圈控制。先导阀开启后，阀前介质就可以推动主管阀门动作。从操作顺序上讲，只有小阀导通后大阀才可以导通，故此小阀称为"先导阀"。先导阀是为操作其他阀件或元件中的控制机构而使用的辅助阀。

先导式电磁阀如图 8-10 所示，由先导阀与主阀组成，两者有通道相联系。当电磁阀线圈通电，动铁芯与静铁芯吸合使导阀孔开放，阀芯背腔的压力通过导阀孔流向出口，此时阀芯背腔的压力低于进口压力，利用压差使阀芯脱离主阀口，介质从进口流向出口。当线圈断电，动铁芯与静铁芯脱离，关闭了导阀孔，阀芯背腔压力受进口压力的补充逐渐趋于和进口平衡，阀芯在弹簧力的作用下把阀门紧密关闭。

三、送料装置举例说明

如图 8-11 所示，在气缸上支点固定的情况下气缸伸出收回，物料通过重力作用可以到达不同的传送带。

如图 8-12 所示，圆柱形的工件通过气缸运动，可以一个接着一个地前往下一道工序。

如图 8-13 所示，工件从左往右滑动，气缸上下运动使正方形工件上升前往下一道处理工序。

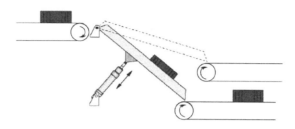

图 8-11　送料装置示意图 1

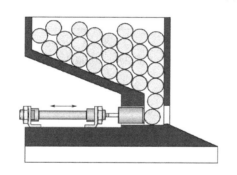

图 8-12　送料装置示意图 2

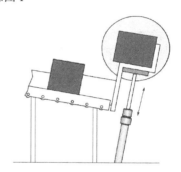

图 8-13　送料装置示意图 3

四、换向阀中位机能介绍

换向阀借助滑阀和阀体之间的相对运动，使与阀体相连的各油路实现气路的接通、切断和换向。换向阀的中位机能是指换向阀里的滑阀处在中间位置或原始位置时阀中各油口的连通形式，体现了换向阀的控制机能。采用不同形式的滑阀会直接影响执行元件的工作状况。因此，在进行工程机械气动应用中，必须根据该机械的工作特点选取合适的中位机能的换向阀。

中位机能有 O 型、H 型、X 型、M 型、Y 型、P 型、J 型、C 型、K 型，等多种形式，如表 8-3 所示。

表 8-3　三位四通阀常用的滑阀机能

形　式	符　号	中位油口状态、特点及应用
O 型	A　B P　T	P/A/B/T 四口全封闭，气压缸闭锁，可用于多个换向阀并联工作

续表

形 式	符 号	中位油口状态、特点及应用
H 型	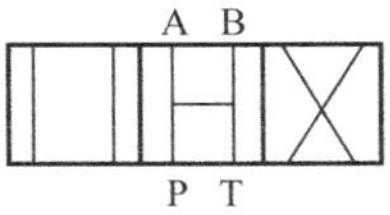 A B P T	全通，活塞浮动，在外力作用下可移动，泵卸荷
Y 型	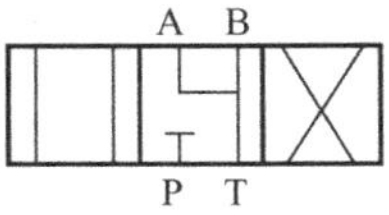 A B P T	P 封闭，A/B/T 口相通；活塞浮动，在外力作用下可移动，泵卸荷
K 型	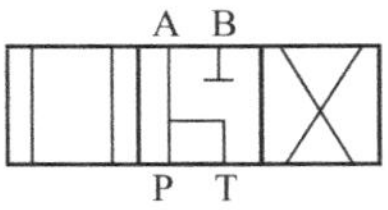 A B P T	P/A/T 口相通，B 口封闭；活塞处于闭锁状态，泵卸荷
M 型	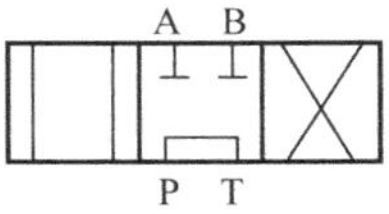 A B P T	P/T 口相通，A 与 B 口均封闭；活塞闭锁不动，泵卸荷，也可用多个 M 型换向阀并联工作
X 型	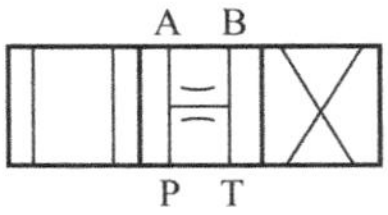 A B P T	四油口处于半开启状态，泵基本上已经卸荷，但仍保持一点压力
P 型	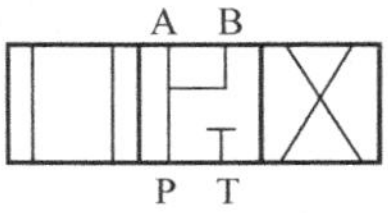 A B P T	P/A/B 口相通，T 封闭；泵和缸两腔相通，可组成差动回路
J 型	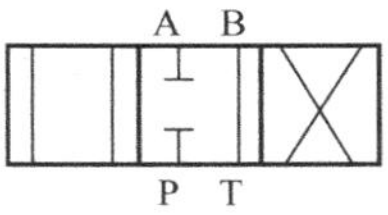 A B P T	P 与 A 相通，B 与 T 相通；活塞停止，但在外力作用下可向一边移动，泵不卸荷
C 型	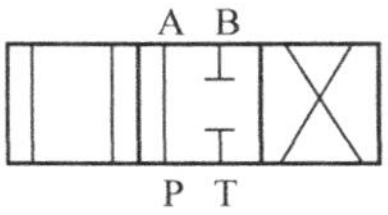 A B P T	P 与 A 相通，B 与 T 封闭；活塞处于停止位置
U 型	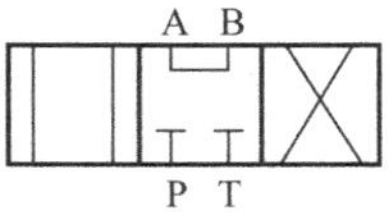 A B P T	P 与 T 封闭，A 与 B 相通；活塞浮动，在外力作用下可移动，泵不卸荷

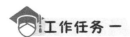

任务实施

工作任务一 ••••

1. 换向阀的基本概念解释。
2. 方向控制阀的控制方式有哪些？
3. 方向控制阀的中位机能各有什么特点？

【任务解析一】位和通的基本概念。

【任务解析二】控制方法有人力控制、气压控制和电磁控制等。

【任务解析三】换向阀的中位机能是指换向阀里的滑阀处在中间位置或原始位置时阀中各油口的连通形式，体现了换向阀的控制机能。采用不同形式的滑阀会直接影响执行元件的工作状况。

工作任务 二

1. 观察二位三通换向阀的外形与结构并填写表 8-4。

表 8-4   二位三通阀认知

序　号	项　　目	结　　论
1	二位三通阀的气口及作用	
2	何种三通阀，气口连接	

2. 二位三通阀通气实习。

将二位三通阀安装在实验板上，连接气源。一只手按动手动按钮，另一只手放在出气口感觉是否有气流并填写表 8-5。

表 8-5   二位三通阀通气实习现象表格

序　号	项　　目	结　　论
1	按下手动按钮后	
2	松开手动按钮后	

3. 请指出图 8-14 所示的阀芯中位机能及工作特点。

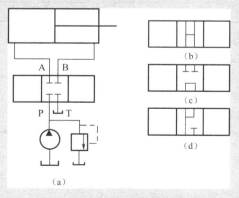

图 8-14   阀芯中位机能解释

（a）是_____中位机能，工作特点是_____。

（b）是_____中位机能，工作特点是_____。

（c）是_____中位机能，工作特点是_____。

（d）是_____中位机能，工作特点是_____。

4. 请按照图 8-15 所示的示意图，连接图 8-16 中所示的元件，搭建单缸送料控制回路，并画出回路图。

回路采用气源、气动三联件，双作用气缸和两个手控换向阀。搭建完成后请叙述本小组气动回路控制动作过程。

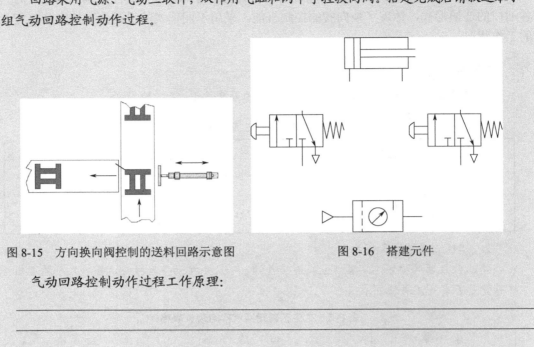

图 8-15　方向换向阀控制的送料回路示意图　　　　图 8-16　搭建元件

气动回路控制动作过程工作原理：

_____

_____

_____

任务评价

通过以上学习，根据任务实施过程，将完成任务情况记录在表 8-6 中，完成任务评价。

表 8-6　气动基础知识任务评价表

序　号	评价内容	要　求	自　评	互　评
1	了解换向阀的基本知识，能理解并说明换向阀的工作原理，通路表示方法	正确，表达灵活		
2	归纳换向阀应用与搭建回路知识点，能说明换向阀的控制方式及中位机能	完整，清楚		

知识拓展

一、真空元件

真空发生器是利用压缩空气的流动而形成一定真空度的气动元件。当压缩空气从供气口流向排气孔时，在真空口处就会产生真空。吸盘与真空发生器的真空口连接，靠真空压力吸起物体。如果在供气口无压缩空气，则抽真空过程就会停止，如图 8-17 所示。

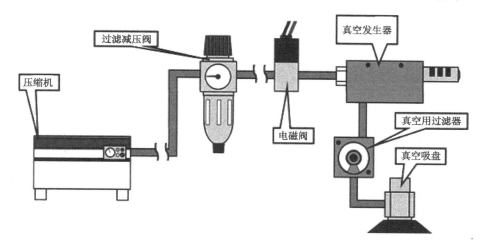

图 8-17　真空吸盘实际连接回路 1

逆止阀（真空保持阀）的作用是即使真空发生器停止了也能保持真空压（只能保持一定的时间）的元件，对停电等故障时有效，如图 8-18 所示。

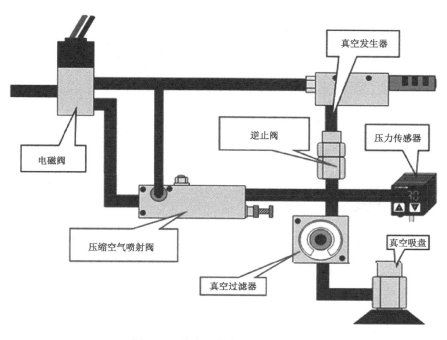

图 8-18　真空吸盘实际连接回路 2

真空吸盘是直接吸吊物体的元件，是真空系统的执行元件。吸盘通常是由橡胶材料和金属骨架压制而成的，如图 8-19 和图 8-20 所示。常见类型的真空吸盘及适用范围见表 8-7。

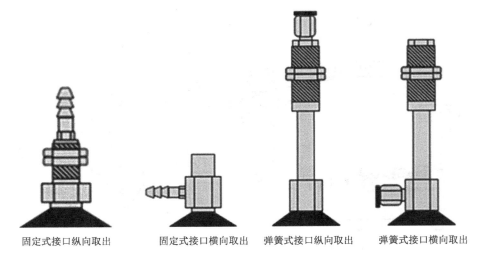

固定式接口纵向取出　　　固定式接口横向取出　　　弹簧式接口纵向取出　　　弹簧式接口横向取出

图 8-19　真空吸盘

图 8-20　大型真空吸盘

表 8-7　常见类型的真空吸盘及适用范围

名　称	外　形	适合吸吊物
平直型 U		表面平整不变形的工件
平直带肋型 C		易变形的工件
深凹型 D		曲面形状的工件
风琴型 B		没有安装缓冲的工件，工件吸着面倾斜的场合

吸盘的安装方式有螺纹连接（分外螺纹和内螺纹，无缓冲能力）、面板安装和用缓冲体连接，真空吸盘连接方式如图 8-21 所示。

真空开关是用于检测真空压力的开关，是一种气电转换器。它利用气体压力变化接通或断开电路，当输入口的压力达到真空给定值时真空开关动作，动合触点闭合。

二、真空配套设备

真空泵气动后，吸入口形成负压，排气口直接通大气，产生的最大真空可达-101.33kPa。

真空发生器是利用压缩空气的流动而形成一定真空度的气动元件，最大真空可达-88kPa。真空产生器的工作原理：由先收缩后扩张的拉瓦尔喷管、负压腔和接收管等组成。真空发生器实物如图 8-22 所示，实际应用有供气口、排气口和真空口。当供气口的供气压力高于一定值后，喷管射出超声速射流。由于气体的黏性，高速射流卷吸走负压腔内的气体，使该腔形成很低的真空度。在真空口处接上真空吸盘，靠真空压力便可吸起吸吊物。

图 8-23～图 8-25 所示为真空系统应用实例。

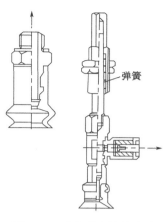

图 8-21　真空吸盘连接方式

图 8-22　真空发生器

图 8-23　真空应用之一——集成电路接合

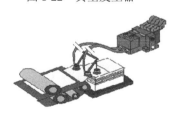

图 8-24　真空应用之二——传送印刷纸张

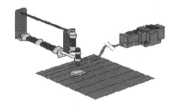

图 8-25　真空应用之三——拾取与传送

三、真空用气缸

活塞杆内有通孔，作为真空通路。吸盘安装在活塞杆端部，如图 8-26 所示，有螺纹连接式和带倒钩的直接安装式。

真空口有缸盖连接型（真空口接管不动）和活塞杆连接型（活塞杆运动）。

图 8-26　真空用气缸

任务 2　压装装置的压力控制回路组建

任务目标

● 了解压力控制阀的结构及工作原理。
● 掌握压力控制阀的作用、符号、表达方法。
● 能按照要求搭建压装装置控制回路。

任务呈现

平面压印是将板料放在上、下模之间，在压力作用下使其材料厚度发生变化，并将挤压外的材料，充塞在有起伏细纹的模具形腔凸、凹处，而在工件表面得到形成起伏鼓凸及字样或花纹的一种成型方法。如图 8-27 所示为气动压印设备，图 8-28 所示为压印工作过程示意图。

图 8-27　气动压印设备

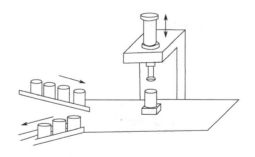

图 8-28　压印工作过程示意图

想一想 ● ● ● ●

1. 压力控制回路的作用是什么？
2. 减压阀的作用是什么？溢流阀的作用是什么？
3. 排气方式的特点是什么？
4. 延时阀的作用是什么？

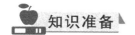知识准备

一、压力控制回路

压力控制回路是使回路中的压力保持在一定范围以内，使回路得到高、低不同的两种压力。

1．一次压力控制回路

一次压力控制回路主要用于控制储气罐送出的气体压力不超过规定压力。如图 8-29 所示，在储气罐上安装一个安全阀和电接点压力表，一旦罐内压力超过规定压力时，一是安全阀向大气放气，二是控制压缩机停止供气。

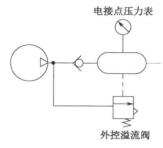

图 8-29　一次压力控制回路

2．二次压力控制回路

二次压力控制回路主要是为了保证气动控制系统的气源压力的稳定，通过溢流式减压阀实现定压控制，如图 8-30 所示。

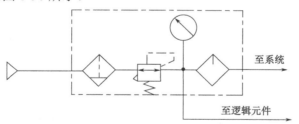

图 8-30　二次压力控制回路

3．高低压转换回路

利用两个调压阀和一个换向阀来实现或输出低压或高压气源，如图 8-31 所示。

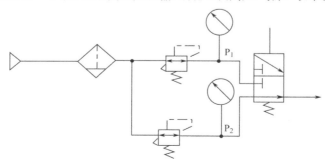

图 8-31　高低压转换回路

二、压力控制阀

气动系统中压力控制阀是控制和调节空气压力的元件。压力控制阀有三类：减压阀、安全阀（溢流阀）和顺序阀。三类压力控制阀的比较见表8-8。

表8-8　压力控制阀的比较

项　　目	减　压　阀	溢流阀（液压用）	顺序阀（液压用）
符号			
特点	减压阀初始状态为全开。其利用出口压力来控制阀芯移动,保证出口压力基本恒定	溢流阀初始状态阀口关闭。其利用进口压力来控制阀芯移动,保证进口压力基本恒定。出口接气缸或外界	顺序阀动作原理与溢流阀基本一样。不同之处是控制多个元件的顺序动作;用于保压回路
作用	降压、稳压	保证液压气动安全	用外控顺序阀做缺荷阀,使泵卸荷;用内控顺序阀做背压阀
用途	空压站集中供气,输出压力高于气动装置所需压力,其压力波动较大。气动装置供气压力需要用减压阀减压,并保持稳定	当管路或容器中压力超过允许范围,用溢流阀实现自动排液泄油,使系统压力下降,保证系统工作安全。例如在储气罐顶部必须安装溢流阀即安全阀	液压装置由于受空间位置影响不便安装行程阀,而要根据气压大小来控制两个以上的液动执行机构顺序动作

减压阀的作用是降低由空气压缩机来的压力，以适应每台气动设备的需要，并使这一部分压力保持稳定。气动里没有溢流阀是和它提供的动力源有关的。气动是把压缩空气压缩在气罐里，当气罐的压力达到预设值时泵就停止工作了。使用时经减压阀把所需压力的气体放出即可。所以没有溢流阀。而液压的则因为液压泵须一直在工作，所以当不需要那么大的流量或者压力的时候就需打开溢流阀进行溢流。

气动系统中，流量控制阀是通过改变阀的流通截面积来实现流量控制的。常见流量控制阀为可调节流阀、单向节流阀和排气消声节流阀等。流量控制阀的比较见表8-9。

表8-9　流量控制阀的比较

项　　目	可调节流阀	单向节流阀	排气消声节流阀
符号			
特点	双向调速	单向调速	调速、消声
用途	一般用于双向调速回路	单向调速回路或用两个单向节流阀构成双向排（进）气节流回路	排气节流调速且有消声要求回路

三、消声器

气动系统中用过的压缩空气可直接排入大气，这是气动控制的优点。但是，排气时排出的雾化油分和噪声对环境的污染，必须加以控制。

气动回路产生噪声的主要原因有压缩机吸入侧和气动元件的排气噪声。降低噪声可采用安装消声器的方法来解决，如图 8-32 所示为换向阀的分散排气消声回路，图 8-33 所示为消声器实物图。集中排气回路中常加有过滤装置除油，减少排出的油分对周围环境的污染。

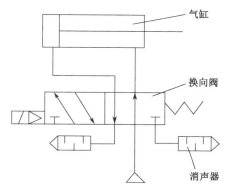

图 8-32　换向阀的分散排气消声回路

图 8-33　消声器实物图

四、排气方式

速度控制回路有进气节流和排气节流两种控制方式。对于双作用气缸一般采用排气节流方式，因为排气节流比进气节流方式稳定、可靠。在负载变化较大且有较高速度控制要求时，需要采用气—液联动的方式。

为控制气缸的速度，回路要进行流量控制，在气缸的进气侧进行流量控制时称为进气节流，在排气侧进行流量控制时称为排气节流。双作用气缸一般采用排气节流控制。但是，对于单作用气缸和气马达等，根据使用目的和条件也可选用进气节流控制。

如图 8-34（a）所示为双作用气缸的进气节流调速回路。在进气节流时，气缸排气腔压力很快降至大气压，而进气腔压力的升高比排气腔压力的降低缓慢。当进气腔压力产生的合力大于活塞静摩擦力时，活塞开始运动。由于动摩擦力小于静摩擦力，所以活塞运动速度较快，由此进气腔急剧增大，而由于进气节流限制了供气速度，使得进气腔压力降低，从而容易造成气缸的"爬行"现象。一般来说，进气节流多用于垂直安装的气缸支撑腔的供气回路。

图 8-34（b）所示回路在排气节流时，排气腔内可以建立与负载相适应的背压，在负载保持不变或微小变动的条件下，运动比较平稳，调节节流阀的开度即可调节气缸往复运动的速度。

除用单向节流阀构成的调速回路外，采用其他流量控制阀也可构成调速回路。图 8-34（c）所示为采用排气节流阀的调速回路。但在管路比较长时，较大的管内容积会对气缸的运行速度产生影响，此时不宜采用排气节流阀控制。

为了提高气缸的速度，可以在气缸出口安装快速排气阀，这样气缸内的气体可通过快速排气阀直接排放。图 8-34（d）所示为采用快速排气阀构成的气缸快速返回回路。

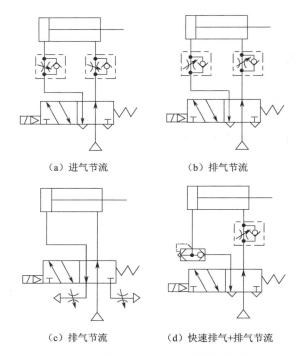

（a）进气节流　　　　　　　（b）排气节流

（c）排气节流　　　　（d）快速排气+排气节流

图 8-34　双作用气缸的节流调速回路

　　图 8-35 所示为快速排气阀及其符号。快速排气阀主要用于气缸的排气，也称为快排阀，一般安装在换向阀和气缸之间，以加快气缸动作速度。使用时，快速排气阀应安装在气缸排气口附近，以保证气缸快速排气。如图 8-35 所示，1 为工作口，2 为进气口，3 为排气口，进气口有气压时与工作口接通，排气口截止排气。当气缸排气时，工作口与排气口相通，与进气口不相通。

　　图 8-36 所示为单作用气缸的速度控制回路。在图 8-36（a）中，气缸升降均通过节流阀调速，两个反向安装的单向节流阀，可分别控制活塞杆的伸出及缩回速度。在图 8-36（b）中，气缸上升时可调速，下降时则通过快速排气阀排气，使气缸快速返回。

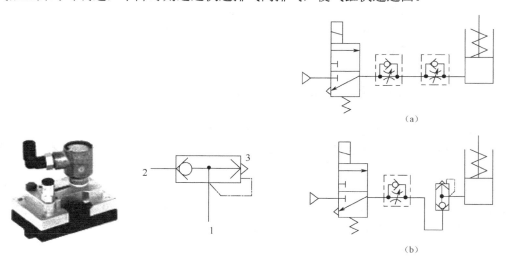

图 8-35　快速排气阀及其符号　　　　　　图 8-36　单作用气缸的速度控制回路

表 8-10 所示为排气节流与进气节流的区别。

表 8-10　排气节流与进气节流的区别

特　　性	进气（入口）节流	排气（出口）节流
低速平稳性	易产生低速爬行	好
阀的开度与速度	没有比例关系	有比例关系
惯性的影响	对调速特性有影响	对调速特性影响很小
启动延时	小	与负载率成正比
启动加速度	小	大
行程终点速度	大	约等于平均速度
缓冲能力	小	大

五、延时阀

延时阀是由二位三通阀、单向节流阀和储气室组合而成的，如图 8-37 所示。当控制口 12 有压缩空气进入，经节流阀进入储气室，单位时间内流入储气室的空气流量大小由节流阀调节，当储气室充满压缩空气达到一定程度时，即能克服弹簧的压力，使二位三通阀的阀芯移动，使工作口 2 有压缩空气输出。作用是改变主阀换向速度，延长换向时间，减少换向时产生的气压冲击。

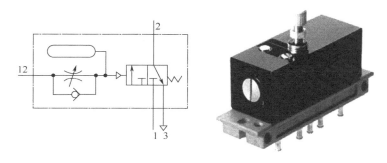

图 8-37　延时阀

六、压力顺序阀

可调压力顺序阀由一个压力顺序阀与一个二位三通换向阀组合而成，如图 8-38 所示。当控制口 12 的压力能克服弹簧压力，使二位三通阀换向时，输出口 2 有压缩空气输出，弹簧的设定压力可以通过手柄调节。这种压力顺序阀动作可靠，而且工作口输出的压缩空气没有压力损失。图 8-39 所示为 Festo 实训设备实物图。

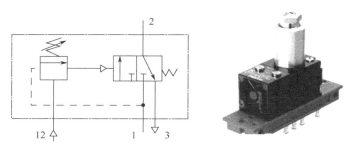

图 8-38　可调压力顺序阀符号及实物

图 8-39 Festo 实训设备

当气路压力达到预置设定值时，电气触点便接通或断开的元件称为压力开关，有时也叫压力继电器，如图 8-40 所示。它可用于检测压力的大小和有无，并能发出电信号反馈给控制电路。

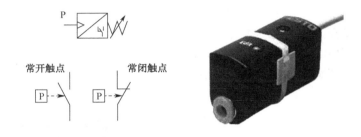

图 8-40 压力开关符号与实物

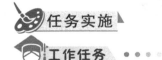

任务实施

工作任务 • • • •

1. 压力控制回路的作用是什么？
2. 减压阀的作用是什么？溢流阀的作用是什么？
3. 排气节流的特点是什么？
4. 延时阀的作用是什么？

【任务解析一】气动装置由于受空间位置影响不便安装行程阀，而要根据气压大小来控制两个以上的气动执行机构顺序动作。也可以通过压力控制调节夹取、推动等动作的速度和压力，防止损坏工件。

【任务解析二】减压阀的作用是降低由空气压缩机来的压力，以适于每台气动设备的需要，并使这一部分压力保持稳定。

溢流阀的作用是当系统压力超过调定值时，便自动排气，使系统的压力下降，以保证系统安全，故也称其为安全阀。

【任务解析三】排气节流具有良好的低速平稳性，与阀的开度有比例关系，易于调节，有缓冲作用。

【任务解析四】延时阀的作用是改变主阀换向速度，延长换向时间，减少换向时产生的气压冲击。

任务评价

通过以上学习，根据任务实施过程，将完成任务情况记录在表 8-11 中，完成任务评价。

表 8-11 气动基础知识任务评价表

序　号	评 价 内 容	要　求	自　评	互　评
1	了解压力控制的原理和作用,说明压力控制回路与元件的工作原理	正确，表达灵活		
2	归纳节流方式的特点,能说明两种节流方式的不同点	完整，清楚		
3	归纳延时回路的特点,能说明延时回路工作原理	完整，清楚		

项目总结

1．方向控制阀的控制方法有人力控制、气压控制和电磁控制等。直动式和先导式控制方法的区别：先导阀是为操作其他阀件或元件中的控制机构而使用的辅助阀。

2．换向阀借助滑阀和阀体之间的相对运动，使与阀体相连的各油路实现气路的接通、切断和换向。换向阀的中位机能是指换向阀里的滑阀处在中间位置或原始位置时阀中各油口的连通形式，采用不同形式的滑阀会直接影响执行元件的工作状况。

3．一次压力控制回路主要用于控制储气罐送出的气体压力不超过规定压力。二次压力控制回路主要是为保证气动控制系统的气源压力的稳定,通过溢流式减压阀实现定压控制。

4．气动系统中压力控制阀是控制和调节空气压力的元件。压力控制阀有三类：减压阀、安全阀（溢流阀）和顺序阀。

5．安全阀（溢流阀）特点是溢流阀初始状态阀口关闭。其利用进口压力来控制阀芯移动,保证进口压力基本恒定。出口接气缸或外界。顺序阀动作原理与溢流阀基本一样。不同之处是出口输出二次压力。出口接系统。

6．气动回路产生噪声的主要原因有压缩机吸入侧和气动元件的排气噪声。降低噪声可采用安装消声器的方法来解决。

7．速度控制回路有进气节流和排气节流两种控制方式。对于双作用气缸一般采用排气节流方式,为控制气缸的速度,回路要进行流量控制,在气缸的进气侧进行流量控制时称为进气节流,在排气侧进行流量控制时称为排气节流。双作用气缸一般采用排气节流控制。对于单作用气缸和气马达等,根据使用目的和条件也可选用进气节流控制。

课后练习

一、填空题

1．"通"：指的是换向阀与系统相连的接口（包括_____口、输出口和_____口），有几个接口即为几通。

2．P 表示_____口，Y 表示_____口。

3．用人力来获得轴向力使阀迅速移动换向的控制方式称为_____操作。人力控制可分为手动控制和_____控制等。

4. 人控阀在手动气动系统中，一般用来直接操纵气动执行机构，在半自动和全自动系统中多作为_____阀使用。

5. 用凸轮、撞块或其他机械外力使阀切换的阀称为_____控制换向阀，简称机控阀。

6. 气压控制又分为单气控和双气控。数字 12 表示此端口通气则换向阀_____，_____端口接通；10 端口通气表示换向阀_____口截止。

7. 直动式电磁控制是用电磁铁产生的电磁力_____推动阀芯来实现换向的一种电磁控制阀。

8. _____型中位机能可用于活塞浮动，在外力作用下可移动，空压机不卸荷的情况，P 型中位机能用于空压机与气缸两腔相通，组成_____回路情况。

9. 真空发生器当压缩空气从供气口流向排气孔时，在真空口处就会产生_____。吸盘与真空发生器真空口连接，靠_____压力吸起物体。如果在供气口无压缩空气，则抽真空过程就会停止。

10. 真空开关是用于检测_____压力的开关，是一种气电转换器。它利用气体压力变化接通或断开电路，当输入口的压力达到_____值时真空开关动作，动合触点闭合。

二、判断题

1. 换向阀的中位机能是指换向阀里的滑阀处在中间位置或原始位置时阀中各油口的连通形式，采用不同形式的滑阀不会直接影响执行元件的工作状况。（　　）

2. 先导式电磁控制指气源的电控阀门比气动系统主管路要大很多，通过一个小的直动式电磁换向阀输出的气压分路来控制主阀阀芯。（　　）

3. 电磁控制是利用电磁线圈通电时，静铁芯对动铁芯产生电磁吸力使阀切换以改变气流方向的阀，称为电磁换向阀。（　　）

4. 二次压力控制回路主要是为保证气动控制系统的气源压力的稳定，通过溢流式减压阀实现定压控制。（　　）

5. 压力控制阀有三类：减压阀、安全阀（溢流阀）和顺序阀。（　　）

6. 两个单向节流阀可以组成双向进气节流回路。（　　）

7. 双作用气缸一般采用排气节流方式，因为排气节流比进气节流方式可靠性差。（　　）

8. 进气节流多用于垂直安装的气缸支撑腔的供气回路。（　　）

9. 快速排气阀主要用于气缸的进气，也称为快排阀，一般安装在换向阀和气缸之间，以加快气缸动作速度。（　　）

10. 延时阀的作用是改变主阀换向速度，延长换向时间，减少换向时产生的气压冲击。（　　）

三、问答题

1. 请简述安全阀的用途。

2. 请简述顺序阀的用途。

项目 **9** 双缸控制回路组建与调试

项目描述

本项目中包装机的气动系统采用两个气缸进行推动包装动作，包括抓取、推动工件和旋转等复杂动作。要求学生能熟悉气动系统双缸控制回路的搭建过程，掌握控制元件的工作原理及维保使用要求。

任务 1 双缸控制回路组建

任务目标

- 了解双缸控制回路的特点、结构与工作原理。
- 掌握双缸控制回路的设计与功能分析。
- 掌握非磁感应原理的位置检测元件。

任务呈现

气动包装机的工作原理是：开口的纸箱送到辊道上，纸箱向前触动行程开关后，提升套缸在气动系统的作用下开始升起，把纸箱送到步进式输送器上，通过输送器往复运动将纸箱逐个推进拱形机架，折舌钩摆动将纸箱后部的小折舌合上，并在推进过程中由固定折舌器将纸箱前部的折舌合上，然后由折舌板将箱子的大折舌合上。纸箱推入压辊下，封箱胶带引到纸箱上部由压辊压贴在纸箱上，纸箱随输送器往前输送的过程中，逐步将胶带从前往后粘贴到纸箱上，经切纸刀切断滚平后完成封箱作业。如图 9-1 所示为气动包装机，图 9-2 所示为包装机气动动作示意图。

工作流程：工件从左往右移动至行程开关 c。气缸 A 的活塞向下运动，将工件推至指定位置，行程开关 a_1 动作。然后气缸 B 活塞伸出，将工件推至下一位置，行程开关 b_1 动作。

类似于检测装置这种需要两个（或两个以上）执行气缸协调工作的回路称为多缸回路。

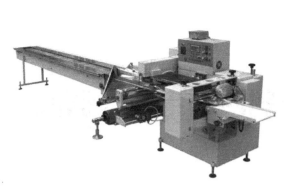

图 9-1　气动包装机

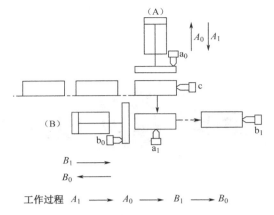

图 9-2　包装机气动动作示意图

　想一想　●　●　●　●

1. 行程程序的符号表达方式是怎样的？
2. 接近开关的种类有哪些？
3. 对射式光电开关有什么特点？
4. 回路逻辑分析的注意事项是什么？

　知识准备

设计多缸回路时首先要画出气缸运动的位移-步骤图，有关动作顺序的条件也应加以规定。在对多缸回路的设计中一般用行程程序回路的设计方法，因而在设计过程中必须有清晰的设计思路，并熟练掌握设计方法。本任务涉及了多缸控制回路中的双缸控制部分。

外部输入启动信号后，逻辑回路进行逻辑运算，通过主控元件发出一个执行信号，推动第一个执行元件动作。动作完成后，执行元件在其行程终端触发第一个行程信号器，发出新的信号，再经逻辑控制回路进行逻辑运算后发出第二个执行信号，指挥第二个执行元件动作。依次不断地循环运行，直至控制任务完成切断启动指令为止，这是一个闭环控制系统。这种控制方法具有连锁作用，能使执行机构按预定的程序动作，故非常安全可靠，是气动自动化设备上使用最广泛的一种方法。

一、行程程序的符号表示方法

在实际应用中常用英文符号来表示行程程序。执行元件的表示方法：用大写字母 A、B、C、…表示执行元件，用下标"1"表示气缸活塞杆的伸出状态，用下标"0"表示气缸活塞杆的缩回状态。如 A_1 表示 A 缸活塞杆伸出，A_0 表示 A 缸活塞杆缩回。

行程信号器（行程阀）的表示方法：用带下标的小写字母 a_1、a_0、b_1、b_0 等分别表示由 A_1、A_0、B_1、B_0 等动作触发的相对应的行程信号器（行程阀）及其输出的信号。如 a_1 是 A 缸活塞杆伸出到终端位置所触发的行程阀及其输出的信号。（说明：本书中用小写字母的正体 a_1、a_2、b_1、b_0 等表示行程阀，用小写字母的斜体 a_1、a_2、b_1、b_0 等表示行程阀输出的信号。）

如图 9-3 所示为主控阀的表示方法：主控阀用 F 表示，其下标为其控制的气缸号。如

F_A 是控制 A 缸的主控阀。主控阀的输出信号与气缸的动作是一致的。如主控阀 F_A 的输出信号 A_1 有信号，即活塞杆伸出。

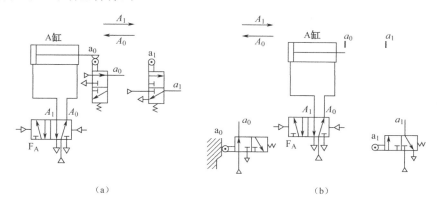

（a） （b）

图 9-3 主控阀的表示方法

二、接近开关

接近开关又称无触点行程开关，其种类及其图形符号如图 9-4 所示，它除了可以完成行程控制和限位保护外，还是一种非接触型的检测装置，用于检测零件尺寸和测速等，也可用于变频计数器、变频脉冲发生器、液面控制和加工程序的自动衔接等。

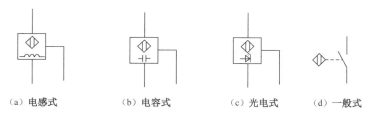

（a）电感式 （b）电容式 （c）光电式 （d）一般式

图 9-4 接近开关的种类及其图形符号

当有物体移向接近开关，并接近到一定距离时，位移传感器才有"感知"，开关才会动作，通常把这个距离叫"检出距离"。不同的接近开关检出距离也不同。有时被检测物体按一定的时间间隔，一个接一个地移向接近开关，又一个一个地离开，不断重复。不同的接近开关，对检测对象的响应能力是不同的，这种响应特性被称为"响应频率"。

电感式接近开关利用导电物体在接近检测开关时，使物体内部产生涡流。这个涡流反作用到接近开关，使开关内部电路参数发生变化，由此识别出有无导电物体移近，进而控制开关的通或断。电感式接近开关所能检测的物体必须是导电体。

检测距离：动作距离是指检测物体按一定方式移动时，从基准位置（接近开关的感应表面）到开关动作时测得的基准位置检测面的空间距离。额定动作距离是指接近开关距离的标称值。设定距离：接近开关在实际工作中整定的距离，一般为额定动作距离的 0.8 倍。

回差值：动作距离与复位距离之间的绝对值。如图 9-5 所示为动作距离示意图。

电容式接近开关的测量构成包括一个单独的电容极板，而另一个极板是开关的外壳。这个外壳在测量过程中通常接地或与设备的机壳相连接。当有物体移向接近开关时，电容的介电常数发生变化，和测量头相连的电路状态也随之发生变化，由此便可控制开关的接通或断开。电容式接近开关检测的对象不限于导体，可以是绝缘的液体或粉状物等。图 9-6

所示为电容式接近开关安装尺寸图，距离注释见表9-1。

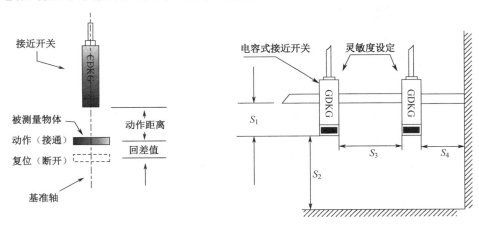

图 9-5 电感式接近开关动作距离示意图　　　图 9-6　电容式接近开关安装尺寸图

表 9-1　图示标记解释

标　号	安装距离	说　明
S_1	$\geqslant 1S_n$	检测面与支架的间距
S_2	$\geqslant 3S_n$	检测面与底面的间距
S_3	$\geqslant 5S_n$	并列安装间距
S_4	$\geqslant 3S_n$	检测面与侧壁的间距
备注：S_n 为电容式接近开关的标准检测距离。高防水等级的产品均不具备灵敏度调节功能，另外其检测距离为标准值的 1/2 或 1/3，甚至更小。		

　　电容式接近开关理论上可以检测任何物体，当检测过高介电常数的物体时，检测距离要明显减小，这时即使增加灵敏度也起不到作用。电容式接近开关的接通时间为 50ms，所以在用户产品的设计中，当负载和接近开关采用不同的电源时，务必先接通接近开关的电源。

　　当使用感性负载（如灯、电动机等）时，其瞬态冲击电流较大，可能劣化或损坏交流电容式接近开关，在这种情况下，应经过交流继电器作为负载来转换使用。在 R1、C1 处分别安装电感式接近开关和电容式接近开关，如图 9-7 所示。一般要求接近开关与活塞杆的距离控制在 3mm 左右。

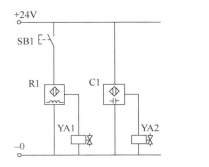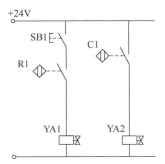

图 9-7　接近开关气动控制图举例

三、光电开关

利用光电效应做成的开关叫光电开关，它按检测方式可分为：

（1）对射式，一个端口发射，一个端口接收，特点是检测距离远，可靠。

（2）镜面反射式，发射和接收在一起，对面使用镜面，靠是否反射回足够光线进行判定。

（3）漫反射式，发射和接收整合在一起，靠被检测物反射回来的光来判定；一般检测距离相当近。

如图 9-8 所示为对射式光电开关调节示意图。将发光器件与光电器件按一定方向装在同一个检测头内。当有反光面（被检测物体）接近时，光电器件接收到反射光后便有信号输出，由此便可"感知"有物体接近。

图 9-9 所示为光电开关的外形及灵敏度调节按钮。

实际应用中通常选用电感式接近开关和电容式接近开关，因为这两种接近开关对环境的要求较低。

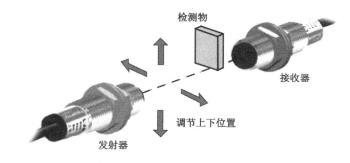

图 9-8　对射式光电开关调节示意图

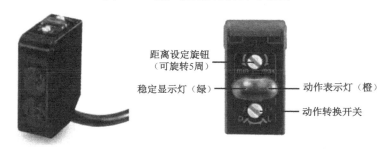

图 9-9　光电开关的外形及灵敏度调节按钮

光电开关的输出有两大类，分别是电压输出和触点（含 OC 集电极开路门，即 OC 门）输出。判断光电开关是否正常工作的步骤：电压输出端使用万用表电压挡，红笔接输出端，黑笔接 24VDC 负端，看是否有电压输出。触点输出端，使用万用表电阻挡，红笔接输出端，黑笔接 24VDC 负端，看是否导通。对于 OC 门输出端，使用指针万用表电阻挡来测量，则黑笔接输出端，红笔接 24VDC 负端，导通即为正常。

四、回路逻辑分析与搭建回路的制作

某自动化生产线上要控制温度、压力、浓度三个参数，任意两个或两个以上达到上限，生产过程将发生事故，此时应自动报警。逻辑自动报警气控回路设计思路如下。

温度、压力、浓度为三个输入逻辑变量 a、b、c。达到上限记为"1"，低于下限记为"0"，报警 $s=1$，不报警 $s=0$。列出真值表，见表9-2。

表 9-2　逻辑真值表

a	b	c	s
0	0	0	0
1	0	0	0
0	1	0	0
0	0	1	0
1	1	0	1
1	0	1	1
0	1	1	1
1	1	1	1

逻辑表达式的化简过程如下所示，最后得出逻辑最简式。

$$s = abc + a\bar{b}c + a b\bar{c} + \bar{a}bc$$
$$= ab + a\bar{b}c + \bar{a}bc$$
$$= a(b + \bar{b}c) + \bar{a}bc$$
$$= ab + ac + \bar{a}bc$$
$$= ab + c(a + a\bar{b})$$
$$= ab + ac + bc$$

根据逻辑表达式最简式，作出逻辑原理图和气动控制回路图，如图9-10所示。

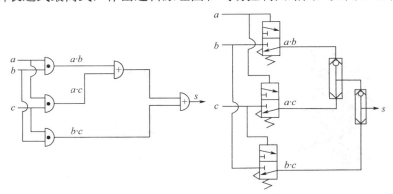

图 9-10　逻辑原理图和气动控制回路图

请填写表9-3包装机的双气缸动作状态表。

表 9-3　包装机的双气缸动作状态表

执 行 元 件	状　　态	运 动 步 骤
气缸 A	+	
	—	
气缸 B	+	
	—	

图 9-11 所示为逻辑原理图和气动控制回路图，a、b、c 为行程阀发出的信号。

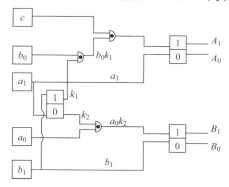

图 9-11　逻辑原理图和气动控制回路图

图 9-12 所示为气动控制原理图与控制框图。

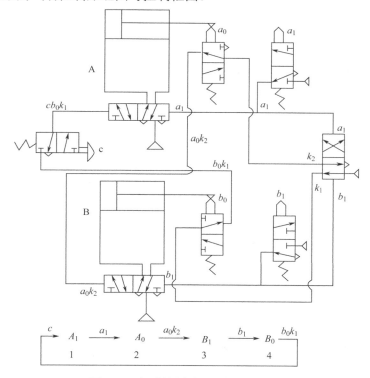

图 9-12　气动控制原理图与控制框图

注：气缸 A 达到 a_0 位置的状态简写为 A_0，达到 a_1 位置的状态简写为 A_1；气缸 B 达到 b_0 位置的状态简写为 B_0，达到 b_1 位置的状态简写为 B_1。

按下手动按钮 c，气缸 A 下方的换向阀左位有效（气缸 B 的活塞处于 b_0 处，k_1 气源供气），气缸 A 伸出活塞压下工件。当气缸 A 伸出至 a_1 位置，行程换向阀 a_1 上位有效，最右侧的二位四通阀上位有效，k_1 气源断气，k_2 气源供气，气缸 A 下方的换向阀右位有效，气缸 A 开始缩回，气缸 B 下方的换向阀左位有效，气缸 B 活塞开始伸出。当活塞伸出至行程换向阀 b_1 的时候，b_1 阀上位有效，气源 k_2 断气，k_1 通气，气缸 B 下方的换向阀右位有效，气缸 B 的活塞开始收回。

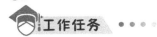任务实施

工作任务 ••••

1. 行程程序的符号表达方式是怎样的？
2. 接近开关的种类有哪些？
3. 对射式光电开关有什么特点？
4. 回路逻辑分析的注意事项是什么？

【任务解析一】 在实际应用中常用文字符号表示行程程序。执行元件的表示方法：用大写字母 A、B、C、…表示执行元件，用下标"1"表示气缸活塞杆的伸出状态，用下标"0"表示气缸活塞杆的缩回状态。如 A_1 表示 A 缸活塞杆伸出，A_0 表示 A 缸活塞杆缩回。

【任务解析二】 接近开关的种类有电容式、电感式、光电式和一般式四种。

【任务解析三】 对射式光电开关将发光器件与光电器件按一定方向装在同一个检测头内。当有反光面（被检测物体）接近时，光电器件接收到反射光后便有信号输出，由此便可"感知"有物体接近。

【任务解析四】 根据逻辑关系进行分析，化简同类项后得出逻辑最简式。

任务评价

通过以上学习，根据任务实施过程，将完成任务情况记录在表 9-4 中，完成任务评价。

表 9-4 气动基础知识任务评价表

序　号	评价内容	要　求	自　评	互　评
1	了解感应开关的基本知识，能理解并说明感应开关的工作原理、安装注意事项	正确，表达灵活		
2	归纳双缸回路逻辑分析与搭建回路的知识点，能说明逻辑分析和双缸回路搭建	完整，清楚		

任务 2　压装装置的压力控制回路组建

任务目标

- 了解压力控制阀的结构及工作原理。
- 掌握压力控制阀的作用、符号、表达方法。
- 能按照要求搭建压装装置控制回路。

任务呈现

图 9-13 所示为半自动钻床动作示意图。半自动钻床动作要求：一旦按下启动按钮，夹紧缸 A 将一直处于工作状态，即夹紧工件；只有当进给缸 B 返回后，夹紧缸 A 才能松开，取出工件。

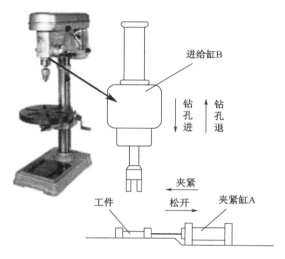

图 9-13　半自动钻床动作示意图

想一想 ● ● ● ● ●

1. 行程顺序图的符号表示方法是什么？
2. 判断故障信号的方法是什么？

 ### 知识准备

本次任务采用 X-D 线图（信号动作状态线图）设计法，步骤如下。

一、绘制工作行程顺序图

对生产对象，经过调查研究，明确所控制执行元件的数目、动作顺序关系以及其他控制要求（如手动、自动控制等），列出工作行程程序。

具体方法是：每个执行元件都有其各自的号码（如缸 A、B、…）；每个执行元件的每个动作都作为一个工作程序写出来（如 A_0、A_1、…）；程序之间，即每个动作的工作状态之间用带"控制箭头→"的连线连接，箭头指向即表示动作程序进行的方向，箭头线上对应于执行元件的行程阀输出信号，用小写字母表示（如 a_0、a_1、…）。

绘制 X-D 线图所使用的符号，除应符合 GB/T 786.1—2009 的规定外，特殊符号及其说明见表 9-5。

表 9-5　符号对照说明

符　号		说　　明
A、B、C、…		表示气缸 A、B、C、…
a、b、c、…		表示与气缸 A、B、C、…相对应的行程阀及其发出的信号 a、b、c、…
A_0、A_1		表示气缸 A 的两个不同动作状态，带下标"0"为气缸缩回状态，下标"1"为伸出状态
a_0、a_1		表示与气缸两个状态 A_0、A_1 相对应的不同动作状态的行程阀。a_0 为对应于气缸收回位置的行程阀，a_1 为对应于气缸伸出位置的行程阀
a_0、a_1		在 X-D 线图上，还可表示与缸动作状态相对应的工作输出信号
a_0^*、a_1^*、b_0^*、b_1^*…	a_0^*、b_0^*、…	在 X-D 线图上，右上角带"*"号的信号称为执行信号（如 a_0^*），不带*的信号（如 a_0）称为原始信号。原始信号是指来自发信器（如行程阀）的信号，它分为有障（碍）与无障两种。但执行信号必为无障信号，所以执行信号可以是无障信号或是有障原始信号，但已经过逻辑处理而排除了障碍的信号
	$a_1^* = a_1$	执行信号 a_1^* 就是原始无障信号 a_1
	$a_1^* = b_1 \cdot a_1$	a_1 为原始有障信号时，则其执行信号 a_1^* 必须将障碍排除后的信号，如用逻辑"与"消障，即 $b_1 \cdot a_1$
→		表示"控制"，如 $a_0 \rightarrow B_1$ 表示 a_0（行程阀 a_0 工作输出信号）控制 B 缸伸出动作
□———× 　□———× 　⊗		粗实线表示气缸的动作状态线，细实线为控制信号状态线；"○"—起始，"×"—终了，⊗ —起始终了时间很短的脉冲信号
～～～		信号线下的波浪线段表示该段信号使执行元件进退两难，即为有障碍信号段
—　—　—　—		粗虚线表示"多往复"系统中重复动作状态的补齐线；细虚线表示重复信号补齐线

首先分析半自动钻床行程控制回路信号与动作的关系，并填写表 9-6。

表 9-6　半自动钻床行程控制回路信号与动作的关系

动 作 要 求	A 缸 伸 出	B 缸 伸 出	B 缸 缩 回	A 缸 缩 回
执行元件动作表达	A_1	B_1	B_0	A_0
行程信号表达	a_1	b_1	b_0	a_0
主控阀输出信号表达	A_1	B_1	B_0	A_0

从图 9-14 中可以看出，半自动钻床的气缸在每一个工作阶段，夹紧缸和进给缸需分别产生不同的动作，在半自动钻床气压传动回路中，这些动作的产生由半自动钻床气压传动回路中 a_0、a_1、b_0、b_1 四个行程阀，通过检测气缸行程位置，来控制气缸产生相应的动作。

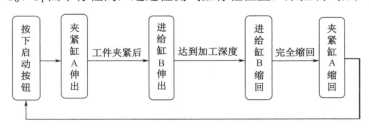

图 9-14　半自动钻床工作流程

半自动钻床行程控制回路中的信号和动作除了可以用文字来表达外，也可以用简化图的方式来表达。如图 9-15 所示，箭头提示顺序动作的方向，箭头上方的小写字母表示行程阀发出的控制信号，箭头指向的是行程阀发出的信号控制动作。简化形式为 $A_1B_1B_0A_0$。

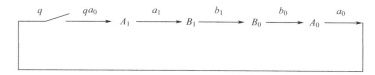

图 9-15　半自动钻床控制动作流程图

二、绘制 X-D 线图

根据钻床的工作要求做出位移—步骤图。从表 9-7 中可以看出两执行机构 A 缸和 B 缸的动作、步骤及控制信号的位置和控制方向。当 A 缸把工件夹紧后，得到控制信号 a_1 控制 B 缸伸出（切削进给），当切削结束后得到控制信号 b_1 控制 B 缸退回，退回到位后得到控制信号 b_0 以控制 A 缸退回松开工件。

表 9-7　位移-步骤图

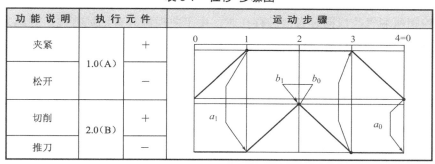

判断多缸单往复控制障碍信号的基本方法是：当主控阀控制信号某一端需输入时，而另一端的控制信号还存在，则存在的信号就是障碍信号，在 X-D 线图上用波浪线来表示。

在 X-D 线图上障碍信号的具体表现为：在同一组中控制信号线（细实线）的长度大于所控制的动作状态线（粗实线）的长度，其超出长度即为障碍段。如图 9-16 所示，图中 a_1、b_0 的控制信号线长度大于所控制动作的状态线长度，也就是当 A 缸活塞杆前伸发出 a_1 信号使 B 缸的活塞前伸时，a_1 的信号在 B 缸的活塞杆前伸发出 b_1 信号时还在保持，所以 a_1 信号在第③行程段内为障碍信号。同理 b_0 信号在第①行程段内也是障碍信号。

三、消除控制障碍、确定执行信号

利用 X-D 线图判别障碍信号的方法是用细实线画出主令信号线，起点与所控制的动作线起点相同，用符号"□"来表示。信号线的终点和上一组中共同产生该信号的动作线终点相同，用符号"×"表示。若终点和起点重合，用符号"⊠"来表示。该信号为脉冲信号，脉冲信号的宽度相当于行程阀发出信号、气控阀换向、气缸启动和信号传递时间的总和。图 9-16 所示为半自动钻床控制系统的 X-D 线图。

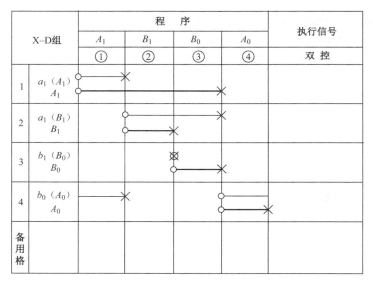

X–D组	程 序				执行信号
	A_1	B_1	B_0	A_0	
	①	②	③	④	双 控
1 $a_1 (A_1)$ A_1					
2 $a_1 (B_1)$ B_1					
3 $b_1 (B_0)$ B_0					
4 $b_0 (A_0)$ A_0					
备用格					

图 9-16 半自动钻床控制系统的 X-D 线图

1．采用两个 K 阀进行消障处理

当主控阀两端气控口同时有信号存在时，由于主控阀具有记忆特性，因此只会保持之前的位置状态，而不进行换向动作。我们把影响主控阀换向的控制信号称为障碍信号，把控制主控阀换向的控制信号称为执行信号。K 阀的作用是保证了在需要主控阀气控口信号起作用时，导通控制信号的输入；而不需要气控口信号起作用时，切断控制信号的输入，从而使得主控阀两端气控口不会同时存在控制信号。

2．K 阀所表示的含义

说明：$K_{a_0}^{b_1}$ 右上角的"b_1"表示 b_1 信号导通需要消障的信号，右下角的"a_0"表示 a_0 信号切断需要消障的信号。符号表示含义也是如此。我们把具有这种消除障碍信号功能的 K 阀称为辅助阀。用单向行程阀消障后得到如图 9-17 所示的气动回路。

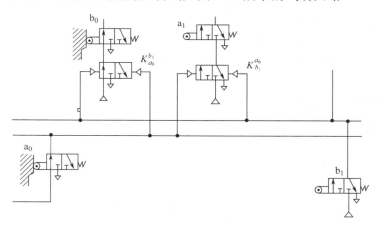

图 9-17 用单向行程阀消障后的气动回路

四、绘制气控逻辑原理图

根据 X-D 线图，按照各元件之间的逻辑关系绘制出控制系统逻辑原理图，如图 9-18 所示。

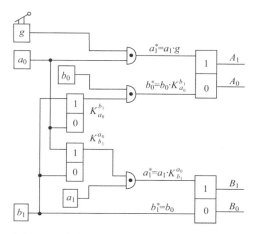

图 9-18　半自动钻床控制系统的逻辑原理图

逻辑原理图是从信号动作状态线图到绘制控制回路图的中间桥梁，它表示出整个气动控制的逻辑控制部分，是控制回路的核心部分。

五、绘制气动回路原理图

绘制气动回路原理图如图 9-19 所示。

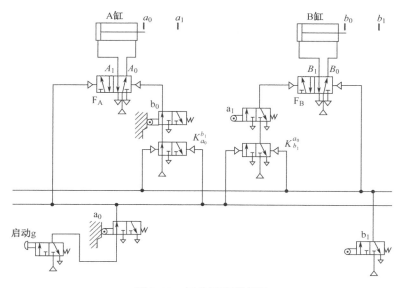

图 9-19　气动回路原理图

六、气路分析

半自动钻床的行程控制回路可以按照初始状态和工作状态来分析。

回路图中的两个主控阀 F_A、F_B 初始状态右位接入回路，使得两个气缸 A 和 B 正体均处于完全缩回的位置，行程阀 a_0、b_0 均被压下，如图 9-20 所示。动作状态如图 9-21～图 9-24 所示。

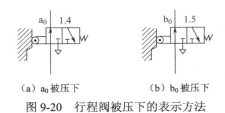

（a）a_0 被压下　　　　　（b）b_0 被压下

图 9-20　行程阀被压下的表示方法

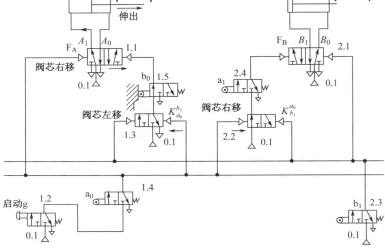

图 9-21　第一动作阶段——A 缸伸出

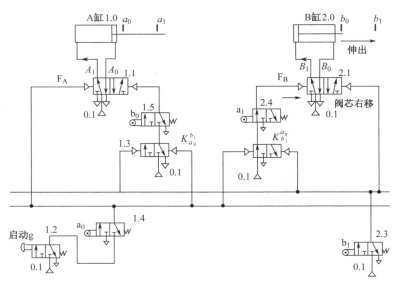

图 9-22　第二动作阶段——B 缸伸出

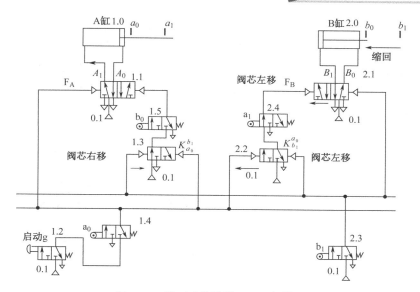

图 9-23　第三动作阶段——B 缸缩回

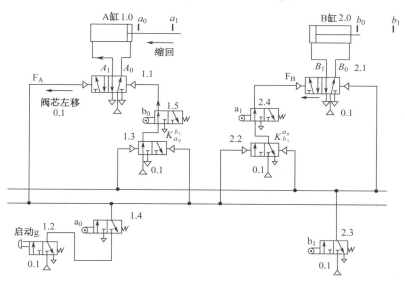

图 9-24　第四动作阶段——A 缸缩回

七、磁性开关

为了检测气缸行程并采集顺序动作信号，本次任务采用了机械动作行程开关，如果采用磁性开关，则需要在气缸的活塞上安装磁环，在缸筒上直接安装磁性开关。磁性开关用于检测气缸行程的位置，然后决定是否进入下一步工作。

注意，磁性开关不是控制气缸行程的！磁性开关控制气缸的行程是需要三位五通阀来配合的！

当气缸走到某一位置发出信号给 PLC，PLC 切换换向阀使气缸停下来。因此，就不需要在缸筒上安装中段行程阀或行程开关来检测气缸活塞位置，也不需要在活塞杆上设置挡块。但在气缸前后终位的保护性行程开关一定不能省去。

磁性开关安装位置如图 9-25 所示，在气缸活塞上安装永久磁环，在缸筒外壳上装有舌簧开关。开关内装有舌簧片、保护电路和动作指示灯等，均用树脂塑封在一个盒子内。当装有永久磁铁的活塞运动到舌簧片附近，磁力线通过舌簧片使其磁化，两个簧片被吸引接触，则开关接通。当永久磁铁返回离开时，磁场减弱，两簧片弹开，则开关断开。由于开关的接通或断开，使电磁阀换向，从而实现气缸的往复运动。图 9-26 所示为其安装位置示意图。

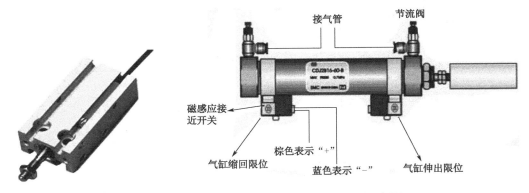

图 9-25　磁性开关安装位置　　　　　图 9-26　安装位置示意图

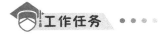

工作任务

1. 行程顺序图的符号表示方法是什么？
2. 判断故障信号的方法是什么？

【任务解析一】行程顺序图的符号表示具体可参照表 9-5。

【任务解析二】判断多缸单往复控制障碍信号的基本方法是：当主控阀控制信号某一端需输入时，而另一端的控制信号还存在，则还存在的信号就是障碍信号，在 X-D 线图上用波浪线来表示。

任务评价

通过以上学习，根据任务实施过程，将完成任务情况记录在表 9-8 中，完成任务评价。

表 9-8　气动基础知识任务评价表

序　号	评价内容		要　求	自　评	互　评
1	了解气源处理的原理和作用	能理解并说明泵的工作原理	正确，表达灵活		
2	归纳气动三联件安装特点	能说明气动三联件的安装要点	完整，清楚		

项目总结

1. 接近开关又称无触点行程开关，它除了可以完成行程控制和限位保护外，还是一种非接触型的检测装置，用于检测零件尺寸和测速等，也可用于变频计数器、变频脉冲发生器、液面控制和加工程序的自动衔接等。

2. 判断多缸单往复控制障碍信号的基本方法是：当主控阀控制信号某一端需输入时，而另一端的控制信号还存在，则还存在的信号就是障碍信号，在 X-D 线图上用波浪线来表示。

3. 在 X-D 线图上障碍信号的具体表现为：在同一组中控制信号线（细实线）的长度大于所控制的动作状态线（粗实线）的长度，其超出长度即为障碍段。

4. 利用 X-D 线图判别障碍信号的方法是用细实线画出主令信号线，起点与所控制的动作线起点相同，用符号"□"来表示。信号线的终点和上一组中共同产生该信号的动作线终点相同，用符号"×"表示。

5. 影响主控阀换向的控制信号称为障碍信号，把控制主控阀换向的控制信号称为执行信号。K 阀的作用是保证了在需要主控阀气控口信号起作用时，导通控制信号的输入；而不需要气控口信号起作用时，切断控制信号的输入，从而使得主控阀两端气控口不会同时存在控制信号。

课后练习

一、填空题

1. 接近开关又称_____行程开关，它除了可以完成行程控制和限位保护外，还是一种_____接触型的检测装置，用于检测零件尺寸和测速等。

2. _____式接近开关利用导电物体在接近检测开关时，使物体内部产生涡流。

3. _____是指检测物体按一定方式移动时，从基准位置（接近开关的感应表面）到开关动作时测得的基准位置检测面的空间距离。

4. 光电开关按检测方式分：对射式、_____式、_____式三种。

5. 行程顺序图中的_____指向即表示动作程序进行的方向，箭头线上对应于执行元件的行程阀输出信号用小写字母表示（如 a_0、a_1、…）。

6. 判断多缸单往复控制障碍信号的基本方法是：当主控阀控制信号某一端需输入时，而另一端的控制信号还存在，则还存在的信号就是_____信号，在 X-D 线图上用_____线来表示。

7. 在 X-D 线图上障碍信号的具体表现为：在同一组中控制信号线（细实线）的长度_____于所控制的动作状态线（粗实线）的长度，其超出长度即为_____段。

二、判断题

1. 设定距离是接近开关在实际工作中整定的距离，一般为额定动作距离的 0.8 倍。
（　　）

2．电容式接近开关检测的对象只限于导体，不可以是绝缘的液体或粉状物等。
（　　）

3．电容式接近开关理论上可以检测任何物体，当检测过高介电常数的物体时，检测距离要明显减小，这时即使增加灵敏度也起不到作用。（　　）

4．一般要求按近开关与活塞杆的距离应控制在 30mm 左右。（　　）

5．利用 X-D 线图判别障碍信号的方法是用细实线画出主令信号线，起点与所控制的动作线起点相同，用符号"□"来表示。信号线的终点和上一组中共同产生该信号的动作线终点相同，用符号"×"表示。（　　）

6．影响主控阀换向的控制信号称为障碍信号，控制主控阀换向的控制信号称为执行信号。（　　）

7．K 阀的作用是保证了在需要主控阀气控口信号起作用时，导通控制信号的输入；而不需要气控口信号起作用时，切断控制信号的输入，从而使得主控阀两端气控口同时存在控制信号。（　　）

项目 10 气动系统分析与维护保养

项目描述

本项目涉及实际气动系统的工作原理分析，气动元件的维保注意事项等知识点的学习。要求掌握气动系统控制回路的工作分析，控制元件的工作原理及维保使用要求。

任务 1 气动系统分析实例

任务目标

- 掌握气动系统分析的基本要求和方法。
- 掌握气动系统各组成部分的工作特点。
- 掌握气动系统优化及合理化设置的改进方法。

任务呈现

现需要搭建某设备上气控机械手的气动回路，要求具有夹紧工件、前后移动和回转功能。客户提出系统搭建完成后还需要一个可以增加夹取力度的附加回路和一个可以支撑更大型工件的附加回路，便于其改变工件时备用。

如图 10-1 所示是通用气动机械手的结构示意图，它由四个气缸组成，可在三个坐标内工作，图中，A 为夹紧缸，其活塞退回时夹紧工件，活塞杆伸出时松开工件；B 为长臂伸缩缸，可实现伸出和缩回动作；C 为立柱升降缸；D 为回转缸，该气缸有两个活塞，分别装在带齿条的活塞杆两头，齿条的往复运动带动立柱上的齿轮旋转，从而实现立柱及长臂的回转。

想一想

1. 气动机械手动作流程解释。
2. 常见应用回路的种类有哪些？
3. 增压夹紧回路有什么特点？
4. 同步控制回路的作用是什么？

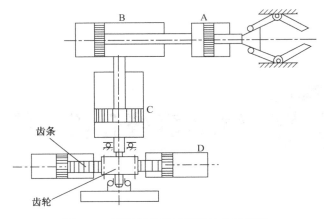

图 10-1　通用气动机械手的结构示意图

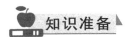 知识准备

一、列出气动设备的动作顺序

该气动机械手的控制要求是：手动启动后，能从第一个动作开始自动延续到最后一个动作。其要求的动作顺序为

启动 → 立柱下降 → 伸臂 → 夹紧工件 → 缩臂 → 立柱顺时针转 → 立柱上升 → 放开工件 → 立柱逆时针转 →
$\qquad\quad C_0 \qquad\quad B_1 \qquad A_0 \qquad\quad B_0 \qquad\quad D_1 \qquad\qquad C_0 \qquad\qquad A_1 \qquad\quad D_0$

写成工作程序图为

$$q \xrightarrow{\ (qd_0)\ } \quad A_1 \xrightarrow{a_1} B_1 \xrightarrow{b_1} B_0 \xrightarrow{b_0} B_1 \xrightarrow{b_1} B_0 \xrightarrow{b_0} A_0 \xrightarrow{a_0}$$

可写成简化式为 $C_0 B_1 A_0 B_0 D_1 C_1 A_1 D_0$。由以上分析可知。该气动系统属多缸单往复系统。

二、列出 X-D 线图及消除障碍信号

表 10-1 为气动机械手在 $C_0 B_1 A_0 B_0 D_1 C_1 A_1 D_0$ 动作程序下的 X-D 线图。

从表中可以比较容易地看出其原始信号 C_0 和 B_0 均为障碍信号，因而必须排除。

为了减少整个气动系统中元件的数量，这两个障碍信号都采用逻辑回路来排除，其消障后的执行信号分别为 $c_0^*(B_1)=c_0 a_1$ 和 $b_0^*(D_1)=b_0 a_0$，如图 10-2 所示，为气动机械手在其程序为 $C_0 B_1 A_0 B_0 D_1 C_1 A_1 D_0$ 条件下的逻辑原理图，图中列出了四个缸八个状态以及与它们相对应的主控阀，图中左侧列出的是由行程阀、启动阀等发出的原始信号（简略画法）。在三个与门元件中，中间一个与门元件说明启动信号对 B 缸起开关作用，其余两个与门则起排除障碍作用。

表 10-1　气动机械手 X-D 线图

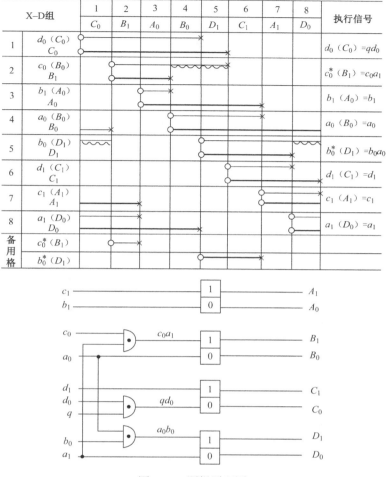

图 10-2　逻辑原理图

三、根据逻辑原理图画出气动回路图

按照气控逻辑原理图绘制出该机械手的气动回路图，如图 10-3 所示。在 X-D 线图中可知，原始信号 c_0、b_0 均为障碍信号，而且是用逻辑回路法除障，故它们应为无源元件，即不能直接与气源相接，由除障后的执行信号表达式 $c_0^*(B_1)= c_0a_1$ 和 $b_0^*(D_1)= b_0a_0$ 可知，原始信号 c_0 要通过 a_1 与气源相接，同样原始信号 b_0 要通过 a_0 与气源相接。

由该系统图分析可知，当按下启动阀 q 后，主控阀 C 将处于 C_0 位，活塞杆退回，即得到 C_0；c_0a_1 将使主控阀 B 处于 B_1 位，活塞杆伸出，得到 B_1；活塞杆伸出碰到 b_1，则控制气使主控阀 A 处于 A_0 位，A 缸活塞退回，即得到 A_0；A 缸活塞杆挡铁碰到 a_0，a_0 又使主控阀 B 处于 B_0 位，B 缸活塞缸返回，即得到 B_0；B 缸活塞杆挡块又压下 b_0，a_0b_0 又使主控阀 D 处于 D_1 位，使 D 缸活塞杆往右运动，得到 D_1；D 缸活塞杆上的挡铁压下 d_1，d_1 则使主控阀 C 处于 C_1 位，使 C 缸活塞杆伸出，得到 C_1，C 缸活塞杆上的挡铁又压下 c_1，c_1 使主控缸 A 处于 A_1 位，A 缸活塞杆伸出，即得到 A_1；A 缸活塞杆上的挡铁压下 a_1，a_1 使主控阀 D 处于 D_0 位，使 D 缸活塞杆往左运动，即得到 D_0，D 缸活塞上的挡铁压下 d_0，d_0 经启动阀又使主控阀 C 处于 C_0 位，又开始新的一轮工作循环。

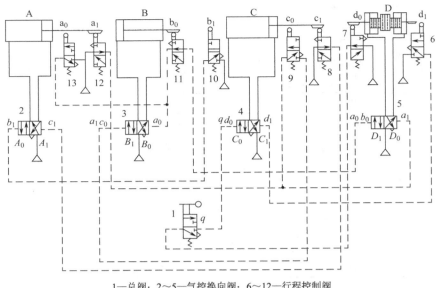

1—总阀；2~5—气控换向阀；6~12—行程控制阀

图 10-3　气动机械手气压传动系统

四、常见应用回路介绍

应用回路是指在生产实践中经常用到的回路，它一般由基本回路和功能回路组合或变形而成，如增压回路、增压夹紧回路、冲击回路等。下面介绍几种常见的应用回路。

1. 增压回路

当压缩空气的压力较低，或气缸设置在狭窄的空间里，不能使用较大面积的气缸，而又要求很大的输出力时，可采用增压回路。增压一般使用增压器，增压器可分为气体增压器和气液增压器。气液增压器高压侧用液压油，以实现从低压空气到高压油的转换。

图 10-4 所示为采用气体增压器的增压回路。五通电磁阀通电，气控信号使三通阀换向，经增压器增压后的压缩空气进入气缸无杆腔。五通电磁阀断电，气缸在较低的供气压力作用下缩回，可以达到节能的目的。

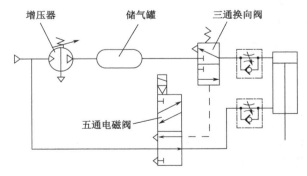

图 10-4　气体增压器的增压回路

2．增压夹紧回路

图 10-5 所示为采用气液增压器的夹紧回路。电磁阀左侧通电，对增压器低压侧施加压力，增压器动作，其高压侧产生高压油并供应给工作缸，推动工作缸活塞动作并夹紧工件。电磁阀右侧通电可实现缸及增压器回程。使用该增压回路时必须把工作缸所需容积限制在增压器容量以内，并留有足够余量；油、气关联部位密封要求较高，油路中不得混入空气。

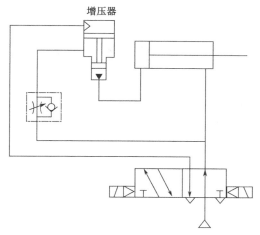

图 10-5　气液增压器夹紧回路

3．冲击回路

冲击回路是利用气缸的高速运动给工件以冲击的回路，如图 10-6 所示。此回路由压缩空气的储气罐、快速排气阀及操纵气缸的换向阀组成。气缸在初始状态时，由于机械式换向阀处于压下状态，气缸活塞杆一侧通大气。二位五通电磁阀通电后，三通气控阀换向，气罐内的压缩空气快速流入冲击气缸，气缸启动，快速排气阀快速排气，活塞以极高的速度运动，该活塞具有的动能转化为很大的冲击力。使用该回路时，应尽量缩短各元件与气缸之间的距离。

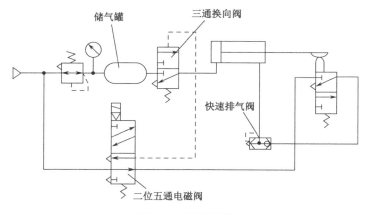

图 10-6　冲压回路

五、同步控制回路

同步控制回路是指控制多个气缸以相同的速度移动或在预定的位置同时停止的回路。由于气体的可压缩性及负载的变化等因素，单纯利用调速阀来调节气缸的速度以达到各缸同步的方法是很难实现的。实现同步控制的可靠方法是采用气动与机械并用的方法或气液转换方法。

1．气动与机械机构并用的方法

图 10-7 所示为使用刚性连接的同步控制回路，它是采用同轴齿轮连接两活塞杆上的齿条而达到气缸同步位移的机构。虽然存在一定的机械误差，但能可靠地实现同步控制。

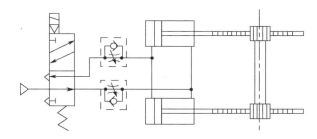

图 10-7　使用刚性连接的同步控制回路

2．气液转换方法

图 10-8 所示是为了使承受不对称负载（$F_1 \neq F_2$）的工作台水平升降而使用两个气缸与液压缸串联而成的气液缸的同步控制装置。当三位五通电磁阀 A 端电磁铁通电后，压缩空气通过管路自下而上作用在两个气液缸的气缸活塞的无杆腔，使之克服各自的负载向上运动。此时，来自梭阀 9 的控制气压使常开式二通阀 3 和 4 关闭，所以气液缸 7 和 8 的液压缸部分的上侧液压油分别被压送到 7 和 8 的液压缸部分的下侧，可以保证缸 7 和 8 向上同步移动。同理，电磁阀的 B 端电磁铁通电时，可以保证缸向下同步移动。这种上下运动中由于泄漏而造成的液压油不足可在电磁阀不通电的图示状态下从油箱 2 自动补充。为了排出液压缸中的空气，需设置放气塞 5 和 6。

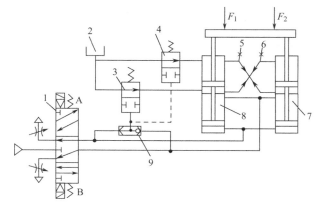

1—换向阀；2—油箱；3，4—二通阀；5，6—放气塞；7，8—气液缸；9—梭阀

图 10-8　使工作台水平升降的同步控制回路

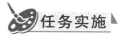

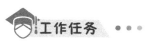

1. 气动机械手动作流程解释。
2. 常见应用回路的种类有哪些?
3. 增压夹紧回路有什么特点?
4. 同步控制回路的作用是什么?

【任务解析一】通用气动机械手由四个气缸组成,可在三个坐标内工作,如图 10-1 所示,图中,A 为夹紧缸,其活塞退回时夹紧工件,活塞杆伸出时松开工件;B 为长臂伸缩缸,可实现伸出和缩回动作;C 为立柱升降缸;D 为回转缸,该气缸有两个活塞,分别装在带齿条的活塞杆两头,齿条的往复运动带动立柱上的齿轮旋转,从而实现立柱及长臂的回转。

【任务解析二】常见应用回路有增压回路、同步回路、缓冲回路、平衡回路和安全回路等。

【任务解析三】使用增压回路时必须把工作缸所需容积限制在增压器容量以内,并留有足够余量;油、气关联部位密封要求较高,油路中不得混入空气。

【任务解析四】同步控制回路是指控制多个气缸以相同的速度移动或在预定的位置同时停止的回路。

任务评价

通过以上学习,根据任务实施过程,将完成任务情况记录在表 10-2 中,完成任务评价。

表 10-2 气动基础知识任务评价表

序 号	评价内容	要 求	自 评	互 评
1	了解感应开关的基本知识,能理解并说明感应开关的工作原理,安装注意事项	正确,表达灵活		
2	归纳双缸回路逻辑分析与搭建回路知识点,能说明逻辑分析和双缸回路搭建	完整,清楚		

知识拓展

1. 过载保护回路

过载保护回路是当活塞杆伸出过程中遇到故障造成气缸过载,而使活塞自动返回的回路。如图 10-9 所示,操作手动换向阀 1 使二位五通换向阀处于左端工作位置时,活塞前进,当气缸左腔压力升高超过预定值时,顺序阀 3 打开,控制气体可经梭阀 4 将主控阀 2 切换至右位（图示位置），使活塞缩回，气缸左腔的压力经阀 2 排掉，防止系统过载。

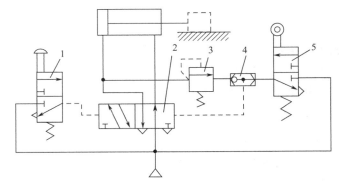

1—手动换向阀；2—主控阀；3—顺序阀；4—梭阀；5—手动换向阀

图 10-9　过载保护回路

2．互锁回路

图 10-10 所示为互锁回路。该回路主要是防止各缸的活塞同时动作，保证只有一个活塞动作。回路主要是利用梭阀 1、2、3 及换向阀 4、5、6 进行互锁。如换向阀 7 被切换，则换向阀 4 也换向。使 A 缸活塞伸出。与此同时，A 缸的进气管路的气体使梭阀 1、3 动作，将换向阀 5、6 锁住。所以此时换向阀 8、9 即使有信号，B、C 缸也不会动作。如要改变缸的动作，必须将前动作缸的气控阀复位。

3．残压排出回路

气动系统工作停止后，在系统内残留有一定量的压缩空气，这对于系统的维护将造成很多不便，严重时可能发生伤亡事故。

图 10-11（a）所示为采用三通残压排放阀的回路，在系统维修或气缸动作异常时，气缸内的压缩空气经三通阀排出，气缸在外力的作用下可以任意移动。

图 10-11（b）所示为采用节流排放阀的回路。当系统不工作时，三位五通阀处于中位。将节流阀打开，气缸两腔的压缩空气经梭阀和节流阀排出。

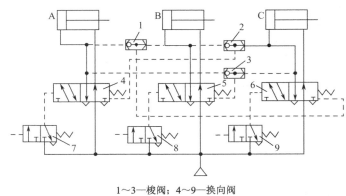

1～3—梭阀；4～9—换向阀

图 10-10　互锁回路

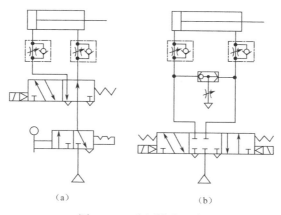

（a）　　　　　（b）

图 10-11　残压排出回路

4．防止下落回路

气缸用于起吊重物时，如果突然停电或停气，气缸将在负载重力的作用下伸出，因此须采取安全措施防止气缸下落，使气缸能够保持在原位置。防止气缸下落可以在回路设计时采用二位二通阀或气控单向阀封闭气缸两腔的压缩空气，或者采用内部带有锁定机构的气缸。

图 10-12（a）所示为采用两个二位二通气控阀的回路。当三位五通电磁阀左端电磁铁通电后，压缩空气经梭阀作用在两个二通气控阀上，使它们换向，气缸向下运动。同理，当电磁阀右端电磁铁通电后，气缸向上运动。当电磁阀不通电时，加在二通气控阀上的气控信号消失，二通气控阀复位，气缸两腔的气体被封闭，气缸保持在原位置。

图 10-12（b）所示为采用气控单向阀的回路。当三位五通电磁阀左端电磁铁通电后，压缩空气一路进入气缸无杆腔，另一路将右侧的气控单向阀打开，使气缸有杆腔的气体经由单向阀排出。当电磁阀不通电时，加在气控单向阀上的气控信号消失，气缸两腔的气体被封闭，气缸保持在原位置。

图 10-13 所示为行程末端带锁定机构的气缸的防止下落回路，气控单向阀能够使气缸停止在行程中的某一位置。当气缸上升到行程末端，电磁阀处于非通电状态时，气缸内部的锁定机构将活塞杆锁定。当电磁阀右端电磁铁通电后，利用气压将锁打开，气缸向下运动。

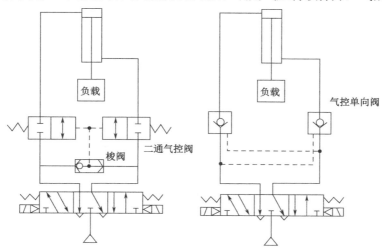

图 10-12　防止下落回路

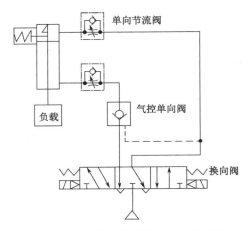

图 10-13 行程末端带锁定机构的回路

5. 旋转门自动开闭系统

旋转门自动开闭系统如图 10-14 所示，行人踏上踏板后，检测阀 LX 被压下，主阀 1 与 2 换向，压缩空气进入气缸 1 与 2 的无杆腔，通过齿轮齿条机构，两边的门扇同时向同一方向打开。行人通过后，踏板使监测阀 LX 复位。主阀 1 与 2 换向到原来的位置，气缸活塞后退门关闭。

6. 三定位夹紧系统

三定位夹紧系统如图 10-15 所示，动作循环：缸 A 活塞杆下降→侧缸 B、C 活塞前进→各夹紧缸退回。工作过程如下：踩下阀 1，压缩空气进入缸 A 上腔，活塞下降工件夹紧；当压下阀 2 时，气体经阀 6 进入阀 4，压缩空气经阀 3 进入缸 B、C 无杆腔，使活塞前进夹紧工件。同时流过阀 3 的部分气体经单向节流阀 5 进入主阀 3 右端控制腔（节流阀控制换向时间），阀 3 换向，各缸后退复位。

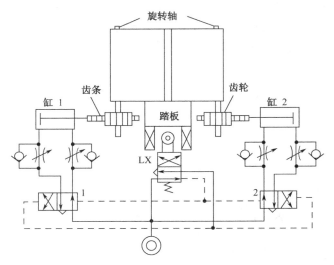

图 10-14 旋转门自动开闭系统

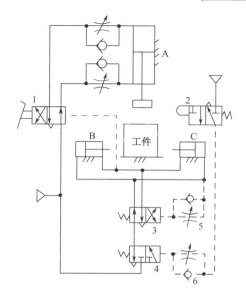

图 10-15 三定位夹紧系统

任务 2 压印装置启动系统的维护与故障诊断

任务目标

- 掌握压印装置气动系统的维护方法。
- 掌握压印装置气动系统的故障诊断方法。
- 了解优化及改进气动系统的方法。

任务呈现

压印装置的工作过程如图 10-16 所示：当踏下启动按钮后，打印气缸伸出对工件进行打印，从第二次开始，每次打印都延时一段时间，等操作者把工件放好后，才对工件进行打印。

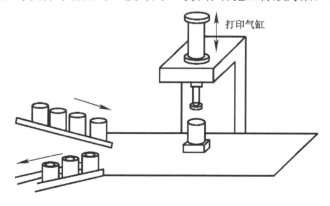

图 10-16 压印装置动作示意图

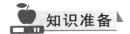

思考

　　如果发现踏下启动按钮后，气缸不工作，应当如何查寻系统的故障点并排除故障呢？另外，平时应该怎样维护压印装置的气动系统呢？

想一想

1. 什么叫做突发故障？
2. 电控换向阀的常见故障是什么？
3. 更换气缸密封圈的注意事项是什么？
4. 气缸维护的注意事项是什么？

知识准备

一、气动系统的日常维护保养内容

　　气动系统日常维护保养的主要内容是：冷凝水排放、检查润滑油和空压机系统的管理。冷凝水排放遍及整个气动系统，从空压机、后冷却器、储气罐、管道系统直到各处空气过滤器、干燥器和自动排水器等。在每天工作结束后，应将各处冷凝水排放掉，以防夜间温度低于 0℃，导致冷凝水结冰。

　　在气动装置运转时，每天应检查一次油雾器的滴油量是否符合要求，油色是否正常，即油中不要混入灰尘和水分等。

　　空压机系统的日常管理工作包括：检查空压机系统是否向后冷却器供给冷却水，空压机是否有异常声音和异常发热，润滑油位是否正常。

　　开始维护工作前，请确保电源、气源已经切断，系统内残压已经释放完毕。确认后方可拆卸元件及其配管。按照规章进行维保活动可以有效避免触电、高温、管子乱甩、部件飞出等危险情况出现。

　　空压机系统元件的维保内容见表 10-3。

表 10-3　元件维保内容

元　件	维 保 内 容
自动排水器	能否自动排水、手动操作装置能否正常工作
过滤器	过滤器两侧压差是否超过允许压降
减压阀	旋转手柄、压力可否调节；当系统压力为零时，观察压力表的指针能否回零
压力表	观察各处压力表指示值是否在规定范围内
安全阀	使压力高于设定压力，观察安全阀能否溢流
压力开关	在最高和最低的设定压力，观察压力开关能否正常接通和断开
换向阀的排气口	检查油雾喷出量，有无冷凝水排出，有无漏气
电磁阀	检查电磁线圈的温升，阀的切换动作是否正常
速度控制阀	调节节流阀开度，能否对气缸进行速度控制或对其他元件进行流量控制
气缸	检查气缸运动是否平稳，速度及循环周期有无明显变化，安装螺钉、螺母、拉杆有无松动，气缸安装架有无松动和异常变形，活塞杆连接有无松动，活塞杆部位有无漏气，活塞杆表面有无锈蚀、划伤和偏磨，端部是否出现冲击现象、行程中有无异常，磁性开关动作位置有无偏移
空压机	进口过滤器网眼是否堵塞
干燥器	冷凝压力有无变化、冷凝水排出口温度的变化情况

过滤器的维保要求分为每日维保和每月维保。每日维保需要确认冷凝水排水阀或自动排水器工作是否正常；每月维保检查滤芯颜色和进出口侧压力差（超过 0.1MPa 即为故障，需要更换）。常见故障一是压力损失大，流量减少，原因是滤芯堵塞，如图 10-17 所示，流量过大或者过滤精度过高；二是排水器漏水漏气，原因是固体异物堵塞节流口或排水口，排水口密封圈破损，如图 10-18 所示，一些固体外物粘附在孔口、活塞上方及 O 形圈滑动部位。

图 10-17　过滤器滤芯堵塞

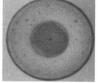
图 10-18　过滤器粘附外物图例

二、气动系统的故障诊断方法

1. 经验法

经验法指依靠实际经验，并借助简单的仪表诊断故障发生的部位，找出故障原因的方法。经验法可按中医诊断病人的四个字"望、闻、问、切"进行。

2. 推理分析法

推理分析法是利用逻辑推理、步步逼近，寻找出故障真实原因的方法。

三、气动系统故障的种类

由于故障发生的时期不同，故障的内容和原因也不同。因此，可将故障分为初期故障、突发故障和老化故障。表 10-4 所示为气动系统常见故障及排除方法。

表 10-4　气缸常见故障及排除方法

故　障		原 因 分 析	排 除 方 法
外泄漏	活塞杆端漏气	活塞杆安装偏心 润滑油供油不足 活塞杆密封圈磨损 活塞杆轴承配合有杂质 活塞杆有伤痕	重新安装调整，使活塞杆不受偏心和横向负荷 检查油雾器是否失灵 更换密封圈 清洗除去杂质，安装更换防尘罩 更换活塞杆
	缸筒与缸盖间漏气	密封圈损坏	更换密封圈
	缓冲调节处漏气	密封圈损坏	更换密封圈
内泄漏	活塞两端串气	活塞密封圈损坏 润滑不良 活塞被卡住、活塞配合面有缺陷 杂质挤入密封面	更控密封圈 检查油雾器是否失灵 重新安装调整，使活塞杆不受偏心和横向负荷 除去杂质，采用净化压缩空气

续表

故　　障		原 因 分 析	排 除 方 法
输出力不足 动作不平稳		润滑不良 活塞或活塞杆卡住 供气流量不足 有冷凝水杂质	检查油雾器是否失灵 重新安装调整，消除偏心横向负荷 加大连接或管接头口径 注意用净化、干燥的压缩空气，防止水凝结
缓冲效果不良		缓冲密封圈磨损 调节螺钉损坏 气缸速度太快	更换密封圈 更换调节螺钉 注意缓冲机构是否合适
损伤	活塞杆损坏	有偏心横向负荷 活塞杆受冲击负荷 气缸速度太快	消除偏心横向负荷 冲击不能加在活塞杆上 设置缓冲装置
	缸盖损坏	缓冲机构不起作用	在外部回路中设置缓冲机构

1．初期故障

在调试阶段和开始运转的二三个月内发生的故障称为初期故障。其产生的原因主要有零件毛刺没有清除干净，装配不合理或误差较大，零件制造误差或设计不当。

2．突发故障

系统在稳定运行时期内突然发生的故障称为突发故障。例如，油杯和水杯都是用聚碳酸酯材料制成的，如它们在有机溶剂的雾气中工作，就有可能突然破裂；空气或管路中残留的杂质混入元件内部，突然使相对运动件卡死；弹簧突然折断、软管突然爆裂、电磁线圈突然烧毁；突然停电造成回路误动作等。

3．老化故障

个别或少数元件达到使用寿命后发生的故障称为老化故障。参照系统中各元件的生产日期、开始使用日期、使用的频繁程度以及已经出现的某些征兆，如声音反常、泄漏越来越严重，可以大致预测老化故障的发生期限。

四、常见元件故障介绍

1．减压阀故障分析

减压阀溢流阀持续溢流，直接原因是出口压力高于设定压力，间接原因是溢流阀密封圈破损，如图10-19所示。

2．换向阀故障分析

电控换向阀常见故障是驱动电压异常导致的线圈或先导阀烧毁，如图10-20所示。

换向阀的阀芯异常故障有外物入侵导致卡死（如图10-21所示）和水分导致润滑脂流失（如图10-22所示）和不良油分导致密封圈劣化膨胀（如图10-23所示）。

图10-19　溢流阀密封圈损坏

图 10-20 电路板部分烧毁

图 10-21 阀芯卡死

图 10-22 润滑脂流失

图 10-23 密封圈劣化膨胀

五、压印系统气动回路故障检修步骤

如图 10-24 所示，压印操作人员踏下启动按钮后，由于延时阀 1.6 已有输出，所以，双压阀 1.8 有压缩空气输出，使主控阀 1.1 换向，压缩空气经主控阀的左位再经单向节流阀 1.02 进入气缸的左腔，使气缸 1.0 伸出。

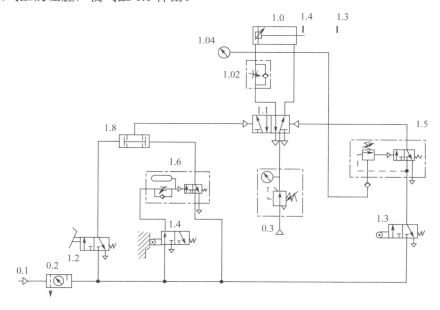

图 10-24 压印气动回路图

如上述故障原因所述，踏下启动按钮气缸不动作，该故障有可能产生的元器件为气缸 1.0、单向节流阀 1.02、主控阀 1.1、压力控制阀 0.3、双压阀 1.8、延时阀 1.6、行程阀 1.4 及启动按钮 1.2。压印系统气动回路故障检修步骤如图 10-25 所示。

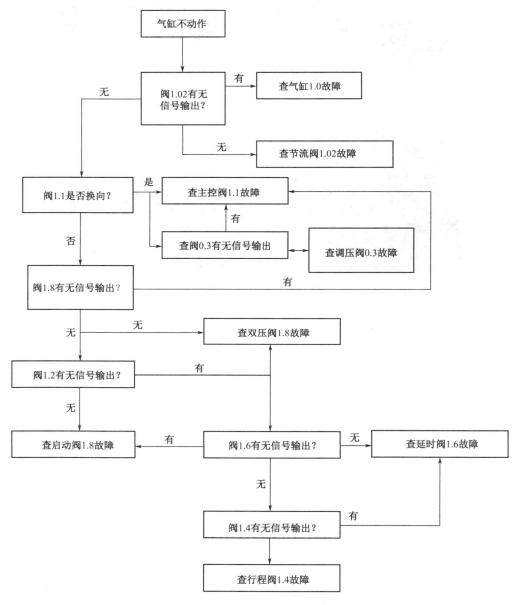

图 10-25　故障诊断逻辑推理框图

六、活塞维保工具

常用维保工具包括 1500 号砂纸、SMC 气缸润滑油、卡簧钳、清洁布，如图 10-26 所示。

（a）1500 号砂纸

（b）SMC 气缸润滑油

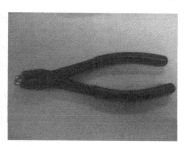
（c）卡簧钳

图 10-26　常用维保工具

七、气缸拆装步骤

1. 找到与气缸配套的密封圈，如图 10-27 所示。

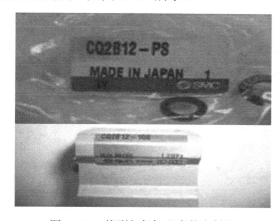

图 10-27　找到与气缸配套的密封圈

密封圈及其标识如图 10-28 所示。

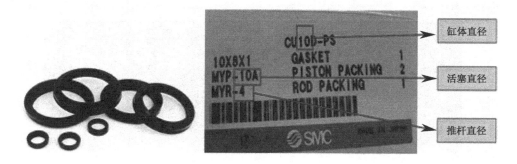

图 10-28　密封圈及其标识

注意：更换新的气缸密封圈请注意要兼容气缸润滑油。因为气缸有专用的润滑油，如用其他的润滑油，可能会缩短密封圈的寿命，且不能正常工作。气缸结构如图 10-29 所示。

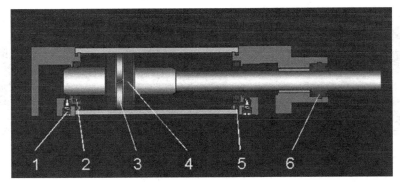

1—缓冲针圈密封圈；2—缓冲密封圈；3—耐磨环；

4—活塞密封圈—O形圈；5—缸桶密封圈；6—防尘圈

图 10-29　气缸结构

2．拆下外盖，如图 10-30 所示。

3．拆下卡簧，如图 10-31 所示。

图 10-30　拆下外盖

图 10-31　拆下卡簧

4．取出推杆，如图 10-32 所示。

5．拆下密封圈，如图 10-33 所示。

图 10-32　取出推杆

图 10-33　拆下密封圈

6．清洁所有部件，检查磨损程度，如图 10-34 所示。

7．如果有起槽的部件，用砂纸磨光滑，防止漏气和保证不会增加密封磨损度，如图 10-35 所示。

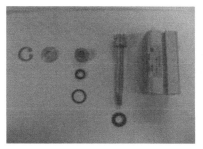

图 10-34　清洁所有部件，检查磨损程度

图 10-35　起槽部位

起槽：辊筒表面产生凹凸槽纹、表面不平的现象。打磨起槽部位步骤如图 10-36 所示。

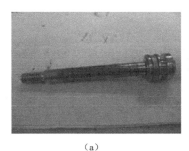

（a）

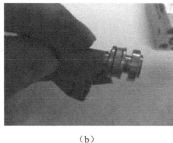

（b）

（c）

图 10-36　打磨起槽部位

8．将新的密封圈按正确的方向安装好，并在表面涂上润滑油，如图 10-37 所示。

（a）

（b）

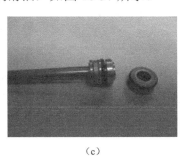

（c）

图 10-37　安装密封圈

9．按与拆卸步骤相反的步骤安装气缸，如图 10-38 所示。

10．检查气缸的密封性，如图 10-39 所示。

图 10-38　安装气缸

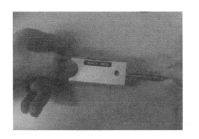

图 10-39　检查气缸的气密性

八、气缸维保注意事项

在拆开气缸后，需要评估部件的维修价值：

如果推杆或缸体起槽太深，磨损得很厉害，换了新的密封圈也用不了很长时间的，推杆、缸体和密封圈座变形的，不能维修。气缸在动作过程中，不能将身体任何部分置于其行程范围内，以免受伤。

在维修设备上的气缸时，必须先切除气源，保证缸体内气体放空，直至设备处于静止状态方可作业。

在维修气缸结束后，应先检查身体任何部分未置于其行程范围内，方可接通气源试运行。接通气源时，应先缓慢充入部分气体，使气缸充气至原始位置，再插入接头。

九、压力与流量检测设备

如果需要对压装装置进行压力监控或调试，可以安装压力感应控制器，如图 10-40 所示。

气体流量检测仪可以计算系统流量，用于对比是否符合设计设定要求，设备如图10-41 所示。

图 10-40　压力感应控制器　　　　图 10-41　气体流量检测仪

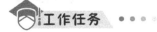

工作任务 ● ● ● ●

1. 什么叫做突发故障？
2. 电控换向阀常见故障是什么？
3. 更换气缸密封圈的注意事项是什么？
4. 气缸维护注意事项是什么？

【任务解析一】系统在稳定运行时期内突然发生的故障称为突发故障。

【任务解析二】电控换向阀常见故障是驱动电压异常导致的线圈或先导阀烧毁。

【任务解析三】更换新的气缸密封圈请注意要兼容气缸润滑油。因为气缸有专用的润滑油，如用其他润滑油，可能会缩短密封圈的寿命，且不能正常工作。

【任务解析四】气缸在动作过程中，不能将身体任何部分置于其行程范围内，以免受伤。在维修设备上的气缸时，必须先切除气源，保证缸体内气体放空，直至设备处于静止状态方可作业。

任务评价

通过以上学习，根据任务实施过程，将完成任务情况记录在表 10-5 中，完成任务评价。

表 10-5　气动基础知识任务评价表

序　号	评 价 内 容		要　　求	自　评	互　评
1	了解气源处理的原理和作用	能理解并说明泵的工作原理	正确，表达灵活		
2	归纳气动三联件安装特点	能说明气动三联件的安装要点	完整，清楚		

知识拓展

张力控制回路

为使卷纸或布等带材的张力恒定，需要保证压紧力恒定，图 10-42 所示为由减压阀和气缸组成的张力控制回路。气缸的输出力精度取决于缸的动摩擦力及减压阀精度。为保证控制精度，应选择摩擦力小的气缸及精密减压阀。装置启动时，为了给带材一个初始张力，采用中位加压的电磁阀。当装置进入正常运转时，根据控制要求，使电磁铁 A 或 B 通电，便能进行张力控制。

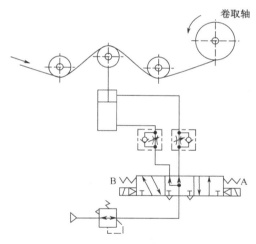

图 10-42　张力控制回路

项目总结

1．应用回路是指在生产实践中经常用到的回路，它一般由基本回路和功能回路组合或变形而成，如增压回路、同步回路、缓冲回路、平衡回路和安全回路等。

2．使用气液增压器的增压回路时必须把工作缸所需容积限制在增压器容量以内，并留有足够余量；油、气关联部位密封要求较高，油路中不得混入空气。

3．同步控制回路是指控制多个气缸以相同的速度移动或在预定的位置同时停止的回路。

4．气动系统工作停止后，在系统内残留有一定量的压缩空气，这对于系统的维护将造成很多不便，严重时可能发生伤亡事故。所以高压气动回路应采用残压排出回路。

5．气缸用于起吊重物时，如果突然停电或停气，气缸将在负载重力的作用下伸出，因此须采取安全措施防止气缸下落，使气缸能够保持在原位置。

6．在每天工作结束后，应将各处冷凝水排放掉，以防夜间温度低于0℃，导致冷凝水结冰。

7．在气动装置运转时，每天应检查一次油雾器的滴油量是否符合要求，油色是否正常，即油中不要混入灰尘和水分等。

8．空压机系统的日常管理工作包括：检查空压机系统是否向后冷却器供给冷却水，空压机是否有异常声音和异常发热，润滑油位是否正常。

9．个别或少数元件达到使用寿命后发生的故障称为老化故障。参照系统中各元件的生产日期、开始使用日期、使用的频繁程度以及已经出现的某些征兆，如声音反常、泄漏越来越严重，可以大致预测老化故障的发生期限。

课后练习

一、填空题

1．增压器可分为气体增压器和_____增压器。气液增压器高压侧用液压油，以实现从低压空气到高压油的转换。

2．使用气液增压回路时必须把工作缸所需容积限制在增压器容量以内，并留有足够余量；油、气关联部位密封要求较_____，油路中不得混入_____。

3．_____回路是利用气缸的高速运动给工件以冲击的回路。

4．实现_____控制的可靠方法是采用气动与机械并用的方法或气液转换方法。

5．气动系统工作停止后，在系统内残留有_____量的压缩空气，这对于系统的维护将造成很多不便，严重时可能发生伤亡事故。

二、判断题

1．使用冲击回路时，可以不缩短各元件与气缸之间的距离。（　　）

2．同步控制回路是指控制多个气缸以相同的速度移动或在预定的位置同时停止的回路。（　　）

3．防止气缸下落可以在回路设计时采用二位二通阀或气控单向阀封闭气缸两腔的压缩空气，或者采用内部带有锁定机构的气缸。（　　）

4．空压机系统的日常管理工作包括：检查空压机系统是否向后冷却器供给冷却水，空压机是否有异常声音和异常发热，润滑油位是否正常。（　　）

5．开始维护工作前，请确保电源、气源特殊情况可以不切断，系统内残压已经释放完毕。确认后方可拆卸元件及其配管。（　　）

三、问答题

1．简单列出行程末端带锁定机构的气缸的防止下落回路的工作原理。

2．请列出气动系统日常维保事项。

3．常见的突发故障包括哪些情况？